# 被拒绝的勇气

## 摆脱情绪耗竭的韧性思维

[美] 莱斯利·贝克尔-菲尔普斯 著
（Leslie Becker-Phelps）

鲍栋 王琳 译

Bouncing Back from Rejection

Build the Resilience You Need to Get Back Up
When Life Knocks You Down

机械工业出版社
CHINA MACHINE PRESS

你害怕被拒绝吗？如果是这样的话，其实你并不孤单。几乎每个人都经历过被忽视、被隔离或是被遗弃的痛苦。但是，如果你的恐惧非常严重，以至于让你无法抓住新机会，创建新的人际关系或是去尝试新的事物，那么，显然有必要去改变这种状况了。这本书将为我们带来战胜拒绝敏感问题所需的韧性，让我们不再畏惧拒绝，去体验充实而有意义的生活。

在本书中，我们将会深刻解读自己的依恋风格——或者说，我们与他人进行联系的方式，并最终揭示畏惧拒绝的根源。借助本书提供的策略，我们将学会培养富有同情心的自我意识，学会管理复杂的情绪。但最重要的是，我们将重新解读拒绝的意义，把它们重新定义为实现个人成长的机会。无论是在恋爱关系中，还是在与同事或朋友的相处中，拒绝原本就是生活中不可避免的一部分。本书将为我们提供以自信和力量面对未来挑战所需要的心理工具。

北京市版权局著作权合同登记　图字：01－2021－3409 号。

## 图书在版编目（CIP）数据

被拒绝的勇气：摆脱情绪耗竭的韧性思维／（美）莱斯利·贝克尔-菲尔普斯（Leslie Becker-Phelps）著；鲍栋，王琳译.—北京：机械工业出版社，2022.10（2024.10 重印）

书名原文：Bouncing Back from Rejection：Build the Resilience You Need to Get Back Up When Life Knocks You Down

ISBN 978－7－111－71598－6

Ⅰ.①被…　Ⅱ.①莱…②鲍…③王…　Ⅲ.①情绪-自我控制-通俗读物　Ⅳ.①B842.6－49

中国版本图书馆 CIP 数据核字（2022）第 171246 号

机械工业出版社（北京市百万庄大街 22 号　邮政编码 100037）
策划编辑：坚喜斌　　　　责任编辑：坚喜斌　侯春鹏
责任校对：史静怡　张　薇　责任印制：常天培
北京铭成印刷有限公司印刷

2024 年 10 月第 1 版·第 3 次印刷
145mm×210mm·9 印张·1 插页·166 千字
标准书号：ISBN 978－7－111－71598－6
定价：69.00 元

电话服务　　　　　　　　网络服务
客服电话：010-88361066　机 工 官 网：www.cmpbook.com
　　　　　010-88379833　机 工 官 博：weibo.com/cmp1952
　　　　　010-68326294　金 书 网：www.golden-book.com
**封底无防伪标均为盗版**　机工教育服务网：www.cmpedu.com

# 本书的赞誉

"在遭到拒绝时，我们所有人都会感到不同程度的伤害。但对某些人来说，这种经历会变得尤其难以接受，以至于他们根本无从知晓该如何走出拒绝带来的阴影。在这本精心撰写的专著中，莱斯利·贝克尔-菲尔普斯以娓娓道来的语言，引领读者走上心理修复的旅程，从拒绝及其带来的恐惧中，反思如何感受、接受和认识自我以及自己的环境——既有我们自己的感觉、思想、情绪或行为，也有我们对待他人的心态。学习如何以自我同情心体验自己和社会的关系，读者将逐步学会如何把拒绝转化为更强大的依恋与关联——聚合他人与更深层次的自我。"

——斯蒂夫·C. 海耶斯（Steven C. Hayes）博士，内华达大学心理学系终身教授、接纳承诺疗法（ACT）的创始人之一、《放飞思想》（*A Liberated Mind*）的作者

"对那些刚刚遭到拒绝或是希望与他人建立更健康关系的人来说，这本书注定会让他们豁然开朗。这本书以扎实的心理学理论和实证研究为基础，解析我们为什么会不断地沉迷于固有模式，指导我们摆脱困境。因此，我向各位强烈推荐这本著作。"

——克里斯汀·内夫（Kristin Neff）博士，得克萨斯大学奥斯汀分校教育心理学副教授

"本书直击克服拒绝敏感型焦虑的核心问题——富有同情心的自我意识。贝克尔－菲尔普斯博士以源自日常生活的练习手段，深入浅出地为我们指出一种积极主动的方式，让我们学会在人际关系中体会更大的安全感和保障感。她用通俗易懂的散文式语言，为我们揭示出依恋理论与自我关怀方法之间的重要联系。强烈推荐各位拜读这本让人耳目一新的佳作！"

——克里斯托弗·杰默（Christopher Germer）博士，哈佛医学院及剑桥健康联盟临床心理学家、《不与自己对抗，你就会更强大》（*The Mindful Path to Self-Compassion*）的作者、《静观自我关怀》（*The Mindful Self-Compassion Workbook*）的合著者

"对所有正在遭受被拒绝的煎熬并急于掌握如何以舒缓的方式克服这种心理障碍的人来说，《被拒绝的勇气》一书显然是他们绝佳的入门级教材。从关爱与归属感等基本人类需求出发，贝克尔－菲尔普斯为我们提供了一种现实的自我关怀方法，让我们不再拘泥于自我批评的陷阱而不能自拔，转而培养一种深度的自我价值感、安全感和自我同情心，并最终学会以韧性思维面对家庭乃至社会的种种挑战。"

——塔拉·康西诺（Tara Cousineau）博士，哈佛大学咨询中心心理学家、剑桥健康联盟"正念与善良"研究中心高级教师、《善良疗法》（*The Kindness Cure*）的作者

"本书首先揭示了拒绝障碍给我们带来的巨大影响。为此，

莱斯利·贝克尔–菲尔普斯博士以清晰而富有关爱的语言，向我们娓娓道来释放恐惧感、缔造自由感的秘诀——自我意识、反思与重构。"

——莎朗·莎兹伯格（Sharon Salzberg），内观禅修社（Insight Meditation Society）联合创始人之一、《冥想的力量》（*Real Happiness*）的作者

"对所有正纠结于被他人拒绝或是觉得自己不被他人接受的人来说，本书无疑将会为他们提供一条重生之路。莱斯利·贝克尔–菲尔普斯博士深谙这个问题的精髓，包括对这种心理障碍的预期及其所带来的后遗症。为此，她结合现代治疗技术和自助方法，为我们提供了诸多卓有成效的现实策略。这本书以高度负责的态度，全面论证了一个鲜被关注的社会话题。"

——克里斯蒂·A. 库尔图瓦（Christine A. Courtois）博士，美国职业心理学委员会（ABPP）私人执业心理学家、创伤心理学和创伤治疗学咨询师及培训师、《复杂性创伤治疗法》（*Treating Complex Trauma*）的合著者

"《被拒绝的勇气》一书会帮助我们重拾勇气、价值与韧性，让我们找回奠定人生价值的品质。慢慢地品味这本书，让它融入我们的生活，注定会让我们受益匪浅。"

——伊丽莎·戈德斯坦恩（Elisha Goldstein），临床心理学家、正念生活课程的主讲人

"在《被拒绝的勇气》一书中，作者旁征博引，以依恋、正念和关爱聚焦想象疗法为基础，敞开心扉，与我们分享了她的洞见和认知。被拒绝感的确是导致我们遭受情感痛苦的一个核心要素。既然如此，还有什么比自我接纳、内心安全和善待自我更好的方法呢？"

——丹尼斯·特尔奇（Dennis Tirch）博士，关爱聚焦治疗中心创始人、西奈山医学院临床医学副教授、《ACT 从业者的关爱学指南》（*The ACT Practitioner's Guide to the Science of Compassion*）的作者

# 序　言

我们为什么需要这样一本讲述如何摆脱拒绝诱惑、实现满血复活的书呢？因为人类生来就不快乐。我们大脑的进化只是为了更好地繁衍生息。凡有助于我们生存和繁殖的活动——比如吃饭、取暖和做爱，都会让我们感受到本能上的愉悦。而所有威胁我们生存的体验——譬如受伤、饥渴、寒冷或炎热，都会让我们感觉不佳。因此，任何不能做出适应性反应、不能采取有助于生存和繁殖行为的祖先，都无法把他们的基因遗传下来。

在史前时期，对人类生存的最大威胁之一就是被拒绝。不妨想象一下十万年前的人类祖先，他们以 25 ~ 50 人住在一起的方式过着群居生活，在非洲大草原上，从一个地方漫无目标地游走到另一个地方。他们需要相互合作，共同寻找食物，保护自己免受野兽的侵袭，在有人生病或受伤时，他们需要相互照顾。对他们来说，被自己的部落拒绝就意味着死亡，因为没有人能在广阔无垠的荒原上独善其身。

任何一位大脑尚未进化到不喜欢被拒绝的祖先，都会遭到他人的疏远，并最终被逐出部落，在孤苦伶仃中自生自灭。因此，我们不会在这位祖先身上继承到任何 DNA。相反，另一些祖先则会因为关心是否被接纳和容留，得以继续留在部落中，获得生存的机会，而且有机会繁衍生息，把自己的基因遗传给后人。

即使在现代社会，被接纳同样非常重要。人类生来就要依赖于成年人。对婴儿来说，如果没有成年人的呵护，就无法进食、保暖或是保护自己免受伤害。在完成人生的第一次呼吸后，我们的头等生存任务就是以最安全的方式找到可以照顾自己的人。直到今天，拥有渴望被接受和畏惧被拒绝的心理依旧对我们的生存至关重要。

但是，尽管避免被拒绝的本能生存意义重大，但它肯定会带来诸多不必要的痛苦。假如我们在大街或走廊上遇到自己认识的人，而对方对我们视若罔闻，拒绝向我们问好，那么，我们的内心和头脑中会发生什么呢？当一位朋友很久不给你打电话，或是你发现他没有邀请你参加聚会时，你会做何感受？如果我们的同事获得升迁晋职，而自己却止步不前，我们的内心会想到什么？当然，在某些情况下，我们可以认为，这个熟人在走路时过于专注，朋友的家里没有邀请所有人参加聚会的空间，或是同事更有资格获得这次升迁机会，但是在大多数情况下，我们难免会感到失望。甚至还有更糟糕的情况：我们的思维可能会陷入混乱，我们会挖空心思地猜想，自己到底做错了什么，让熟人疏远自己，思考自己为什么没能成为这场盛会中的一员，或是对我们自身的能力产生怀疑。我们的自尊心很容易会受到伤害，进而丧失自信心，导致我们无法客观看待自己的处境，而且有可能造成我们陷入自我退缩或是回避的恶性循环，并最终丧失充分体验和享受生活的机会。

那么，面对拒绝，我们该如何应对呢？幸运的是，我们人类不只进化出讨厌拒绝的本能，我们也学会了管理这种感受和培育"解毒剂"的方法——找到办法，学会走出情绪伤害的阴影，继续成长，把恐惧的心理与真正的危险区分开来，认识自己的长处和缺陷；在受伤时安抚自己，以最安全的方式与他人建立联系。在接下来的内容中，作者将为我们提供循序渐进的实用指南。每个人都可以借助这些指南，掌握心理修复技巧，把我们对拒绝的本能性厌恶转化为成长和繁荣的机会。贝克尔－菲尔普斯博士在现代心理学、传统观念和长期临床实践之间实现了无缝整合，为我们提供了一种简单易用的实践工具，把拒绝带来的痛苦和恐惧转化为孕育更丰富、更有价值生活的机会——为我们指明了一条克服拒绝的恐惧的康庄大道。虽然摆脱拒绝的伤害、实现自我修复的道路有时也会曲折不顺，但这绝对是一次价值连城的旅程。

——罗纳德·D. 西格尔（Ronald D. Siegel），心理学博士、哈佛医学院心理学助理教授、《正念之道：每天解脱一点点》（*The Mindfulness Solution：Everyday Practices for Everyday Problems Acknowledgments*）的作者

# 致　谢

创作《被拒绝的勇气》一书，对我而言是一段极富挑战的经历。这个项目是我人生中最重要的一课。它不仅教会了我一个道理，更准确地说是坚定了一个镌刻在心的座右铭——我的人生旅程既属于自己，但也是一次相互陪伴的旅程。我很幸运拥有众多体贴和关怀自己的朋友（当然也包括家人）。感谢所有在我最需要帮助时毫不吝啬爱与支持的人。因此，在创作这样一本意在寻找内心力量并信任他人"情感可用性"的重要书籍时，这似乎是再合适不过的一堂课。

在所有为我撰写本书提供直接或间接支持的人中，我尤其感谢我的丈夫马克·菲尔普斯。当我在尽心创作、尽我所能地克服生活中的每一次考验时，他始终站在我的身边；每当我需要帮助和鼓励的时候，他都会不失时机地给予我帮助和鼓励。当然，我还要感谢的是，他从本书的第一个词看到最后一个词，字斟句酌，毫无怨言地为本书做了一次无偿编辑。

最后，还要感谢 New Harbinger 出版社的编辑，尤其是 Jennye Garibaldi、Clancy Drake、Gretchen Hakanson 和 Marisa Solis，没有他们在编写方面的大力支持，就没有这本书的面世。

# 前　言

对所有人来说，可以肯定的事情几乎寥寥无几，但有一件事却毋庸置疑：每个人——无论是活着的人还是逝去的人，都曾经历过被拒绝。每个人都曾经历过被忽视、被蔑视或是被抛弃所带来的痛苦。我们所经历的拒绝可能来自家人、朋友、熟人，甚至是社交媒体上永远不会见面的陌生人。有些人对拒绝非常敏感。他们会莫名其妙地觉得被拒绝——尽管对方原本并无此意，他们时常会体验各种各样的伤害，而且难以区分这是真实的拒绝还是他们臆想的拒绝。

如果你属于拒绝敏感型，就有可能会产生被拒绝或是被抛弃的感觉，从而陷入失望和沮丧，不顾一切地去寻找证据，或是怒不可遏地进行反击。相反，如果不把这种境遇看作难以忍受、必须尽快摆脱的痛苦，甚至把它当作成长的机会，那么，我们就有可能会发现，问题的根源在于自己，而非外界。我们可能会觉察到，我们天生就具有某些容易招致拒绝的问题，但我们有时也会因为遭到拒绝而生气。我们还能觉察到自己缺乏克服拒绝的恐惧的毅力。实际上，任何让我们内心感到纠结的事情，都会让我们感到沮丧，甚至绝望。

这类思维定式往往会导致永无止境的情绪起落，而最终使事情以悲剧而告终。但是，我们总有办法打破这种死循环，摆脱过山车式的情绪波动。

### 认识拒绝敏感问题的根源

因为每个人都不是与世隔绝的（尽管我们自己有时也会觉得孤单），因此，理论家和研究人员有无数的对象和时间去思考和调查：到底是什么让某些人对拒绝更敏感，而另一些人则更有韧性。一种非常受欢迎的解释就是依恋理论（attachment theory）。本书第一章介绍了该理论的基本内涵及其对拒绝敏感（rejection sensitivity）问题研究的影响。随后，我们以该理论作为本书其他部分观点的依据，帮助我们培育心理韧性。为了从总体上理解依恋理论与拒绝敏感问题的关系，本书简单回顾了该理论的发展进程。最早提出依恋理论的学者是英国精神病学家、心理学家及精神分析学家约翰·鲍尔比（John Bowlby）。他认为，婴儿生来就会与"更聪明"的大人形成一种依恋关系，这也是他们获得生存能力的一种方式。这些关系的形成在很大程度上依赖于心理的健康与稳定。因为孩子对自己与大人的关系感到非常安全，因此，我们可以认为，这些婴儿拥有安全的依恋风格。但某些孩子也会形成不安全的依恋风格。在长大成人后，这些人依旧难以正确对待自己以及自己与他人的关系。其中，一个最常见的问题就是对拒绝的高度敏感。这会让他们要么近乎绝望地取悦他人，要么为摆脱被拒绝而屏蔽情感联系，或者兼而有之。所有这些反应，都会妨碍他们有效地应对拒绝，导致他们在生活中经常陷于困境，止步不前。

人们似乎不屑于谈论亲密关系会让生活变得丰富多彩这样的庸俗话题，在很多人看来，这无异于陈词滥调，但这句话的确很有道理。连接感本身往往会带来满足感，甚至成就感。在和欣赏自己的人在一起时，我们会得到享受，进而让我们感觉更加良好。此外，能积极支持我们的朋友，往往可以让我们在生活中享受到更多快乐时刻，也更有能力忍受生活中的煎熬。但我们也会清楚地认识到，亲密关系也会招致痛苦的拒绝感。在学习摆脱拒绝厌恶的过程中，我们需要以更积极的思维看待自己，在更亲密、充满爱的关系中，寻找更多的安全感。

**如何以自我关怀与自我意识实现自我放飞**

在《被拒绝的勇气》一书中，我们将学会与自我以及生活中的其他人建立更积极的关系，这无疑有助于我们培养面对和接受拒绝时的韧性与适应性。而达到这个目的的主要方式就是以理性的思维和工具帮助我们提供培育自我关爱意识——或者说，实现自我意识（self-awareness）和自我关怀（self-compassion）的结合。为此，你可以通过被我称为"STEAM"的五个方面深入探索自我意识：感觉（Sensation）、思想（Thought）、情绪（Emotion）、行动（Action）和心智化（Mentalizing）。归根到底，要学会以关爱的态度面对困境，不仅要学会自我接纳（self-acceptance）和自我友善（self-kindness），还需要具备自我意识。如果能把这些能力运用到我们的人际关系中，那么，我们就更有能力解决拒绝带来的问题。

尽管内心修炼非常很重要，但它确实"需要内外世界的合二为一"。我们的问题在于与他人的互动，这取决于我们如何理解他人对我们做出的反应。这就是本书所要探讨和解决的问题。而本书的最后一章则为我们改善和打磨人际关系、强化连接感提供了具体指南。随着这方面能力的提高，我们会逐渐收获更多积极的回应，并且能更好地接受这些反应。对自我价值的内心感受与这种价值的外部肯定相互叠加，注定会让我们自我感觉良好——即使我们看重的人有时也会误解我们，看不起我们，忽略甚至是贬低我们。

和生活中的很多事情一样，这段旅程不可避免地充斥着挫折、障碍和曲折。因此，尽管摆脱拒绝的困扰或许很复杂，而且看似无解之谜，但事实并非如此。它只需要正确的方向、不懈的努力和更久的坚持。这本书将为我们提供第一个要素，而其他两个要素唯有依靠自己。

### 本书的重要提示

要最大限度利用《被拒绝的勇气》这本书带来的启发，不妨耐心阅读。花点时间，充分从这本书中汲取营养，并思考如何把它传递给我们的信息应用到生活中。在完成本书的诸多练习时，重复任何有可能帮助到自己的练习。如果我们在某一项练习中过度纠结，不妨暂时略过，直接进入下一项练习——回头重新拾起或许会有更好的效果。

尽管我认为对本书各部分采取了最有效的编排和组织方式，但除非作者另有说明，否则，读者尽可按自己的意愿去尝试书中的练习，重要的不是顺序，而是体会和实践。当然，本书也有可能要求读者在完成某些练习之前或之后再行尝试其他练习。此外，本书也为练习中可能遇到的困难提出了建议。随着阅读的深入，在不断成长和持续变化的过程中，我们会发现，某些以前非常有价值的练习会呈现出新的意义，而某些原本貌似无用的练习或将变得意义重大。

为成功摆脱拒绝敏感的困扰，本书建议读者可采取如下措施：

- 用日记本专门记录阅读本书和完成本书练习的情况，并以自己的语言做笔记。这个建议可能非常有帮助。当然，我们也可以使用单独的一张纸，但这可能不利于全面系统地把握本书要点。因为这不便于我们随时翻阅之前的笔记，做到温故而知新。有的人可能会想到使用平板电脑或笔记本电脑，但我们觉得，手写方式或许可以让我们更充分地浸入和感受自己的体验。

- 我们的学习之旅始于前两章："被拒绝感的酸甜苦辣"与"自我改造的理论与实践"，它们为理解拒绝敏感问题奠定了理论基础，并为继续培育抗拒绝韧性、克服学习过程中的困难提供工具。

- 每天坚持做本书推荐的练习并不断巩固。

- 随时抽出时间，在笔记中记录取得的所有进步。

- 有的时候，人们在关注希望实现的目标时，却忽略了已经完成的改变。因此，随时以笔记形式记录已经取得的进步，有助于我们保持继续追求目标的思想和动力。

- 随时准备一本便签。在阅读过程中，读者或许想了解书中的其他部分，或是作者提醒读者需要这么做。因此，读者可以利用这些便签，提醒需要关注的章节。

- 尽可能地把挫折视为不可避免的事件，并通过它们学会提醒自己：你是一个有血有肉、有情感的人，因此，你也需要像其他人那样获得同情和关爱。（认识到这一点，也是本书的基本目标之一。）

- 如果觉得有必要暂时停下练习休息一会（而且这确有效果），那么就给自己一个"假期"。不过，我们首先要设定恢复练习的日期。然后，采用适当的方法提醒自己，比如说，可以在手机或日历上做一个备忘录，甚至可以写在手上。到了这个指定时间，想想是否准备好重新开始练习。

总之，我们的总体目标就是要用心去学习接受自我价值。尽管拒绝可能会带来伤害，而且会造成内心痛苦，但这并不意味着，我们的真正价值会受到损害。在接纳拒绝的过程中，我们要学会把接受拒绝当作生存之道，甚至转化为成长之源。如果你曾遭受过情感创伤，或是正在被拒绝、自我怀疑和自我厌恶的恐惧深深困扰，以至于正常生活受到严重干扰，那么，我强烈建议您寻求专业治疗师的帮助，陪伴你完成本书中的练习。

在二十多年的辅导实践中，我治疗过很多在这方面存在严重障碍的人。在帮助他们的过程中，我也学到很多可以帮助大家的东西。为说明问题，在本书中，我把经历过的诸多情节融合到几个人物的身上——珍妮、查德等。虽然他们并非生活中真实存在的人，但他们的经历完全源自现实，而且可能就发生在我们的身边。

在这里，我们不妨简单认识一下本书中的几个"主角"。

27 岁的珍妮有几个好朋友，她本人住在临近公园的一套宽敞公寓，她的一大爱好就是在公园散步。虽然从外表上看，珍妮似乎是个"表里如一"的人，但是在内心里，她常常感到不安。珍妮经常会自言自语地说这句话，而且已经近乎咒语："我希望他们不会生我的气。"她经常担心自己会做错事，或者让人们发现自己的无能。因此，她不遗余力地让自己做个好人，甚至完人，竭尽所能地帮助朋友和邻居，而且还要绞尽脑汁地让每个人都喜欢自己。不过，即便是在自己的朋友圈里，她也经常担心受到批评，或是让他们对自己失望。

查德还记得，在第一次见面时，琳达几乎让他感到窒息。

她真是太迷人了，以至于让他感觉到一种莫名其妙的不可思议。作为一名数据研究员，查德始终在这项挑战性的工作中孜孜不倦地追求突破，在这之前，他最担心的一件事就是老板会对自己的工作感到失望。但就在此时，这种恐惧感突然之间似乎消失得无影无踪。热恋中的他开始变得欣喜若狂。但现实绝非童话故事，这种"永不消逝的快乐"并未持续多久。很快，对遭到拒绝的恐惧再次占据上风。无论是谁问起琳达，查德都会尽可能装出漠不关心的样子。但事实是，他的头脑早已被嫉妒所统治，他唯一想知道的，就是琳达会不会离开自己。

实际上，我们在拒绝方面遇到的所有困难，在某种程度上都源于我们在现实中的经历。我们希望得到其他人的重视和接受，也希望远离被他人拒绝的感受。但没有人能做到永远不被拒绝——有些拒绝会带来毁灭性后果，譬如在婚礼当天被未婚夫抛弃；有些拒绝可能司空见惯，比如，某个人觉得你的笑话根本就不可笑。自我意识、自我接纳和自我同情都是帮助我们理性应对拒绝的关键因素。我希望这本书可以帮助大家接受这些真理，并最终走出拒绝的阴影，摆脱被拒绝的束缚，成为自己生活的主宰者。

# 目　录

# 第一章

## 被拒绝感的
## 酸甜苦辣

　　年轻时的查德曾认为，家庭作业对他来说完全是煎熬。在读大学三年级时，查德就已经觉得自己有点"愚蠢"。就在一年之后，父母通过测试发现，查德存在严重的语言处理障碍。和两个哥哥一样，查德此后在学校中继续有着优异的表现，但与他们不同的是，他需要付出加倍的努力。他始终坚持完成学校作业，因为他害怕，一旦做不好就会失去老师的认可。在户外操场上，他酷爱传接球游戏，尽管他非常擅长这个游戏，但始终会保持寡言。如果查德没有听明白其他孩子的笑话，或是他们为什么发笑，他就会提醒自己，保持微笑。他只想着专心致志地扔球和接球，并告诉自己，不要担心他们会因为自己的愚蠢而嘲笑自己。

并非所有拒绝带来的结果都是一样的。如果朋友没有接受陪你去 Poopies 餐厅吃饭的请求，你可能会觉得不开心。尽管这确实是一家非常棒的餐厅，但这又有何妨？当婚姻的另一半突然宣布要和你离婚的消息时，你或许会觉得天旋地转。当然，我们经常会遇到严重程度介于两者之间的事情。因此，我们对拒绝产生的反应显然取决于具体情况。但如果我们的反应会带来更多问题——比如说，让我们开始自我怀疑，那么，明智的选择是改变自己的反应。生活要继续，挑战不可避免，大大小小、形形色色的问题在等着我们，因此，我们只能学会面对挥之不去的拒绝。但不管怎样，我们可以学着去调整自己，掌握应对这些挑战的方法。

## 对拒绝的功能性失调反应

在我们对拒绝非常敏感，以至于把拒绝视为极大威胁或是极端折磨时，它就会以各种方式让我们偏离生活正轨。看看以下这些面对拒绝时做出的反应以及相应的示例，你会不会觉得似曾相识呢？

## 反应过度

如果人们时刻准备排斥所有的潜在威胁，那么，他们通常会毫不迟疑地对外界刺激做出反应，甚至会"先发制人"——在危险并未真正到来之前，他们即已出手。这种心理会导致拒绝敏感者经常觉得自己遭到拒绝，尽管事实并非如此。比如说，如果其他人无法与她共进晚餐，就会让曼迪产生过度反应。她无法认识到，这并不是因为对方不重视自己，相反，不能赴约聚餐，只是由于他们在日程安排上存在冲突。另一种反应过度的形式就是把微不足道的婉言回绝视为不可接受的拒绝。比如说，一位以前几乎随叫随到的朋友，这次没有给你回话赴约，如果你认为这种做法无异于当面说她不喜欢你带来的刺激，这就是一种典型的过度反应。

## 止步不前

有些人发现，他们总是忍不住去回想被拒绝的情景。比如说，在大学毕业二十年后，伊丽莎白仍对那个称她不愿意和自己同住的室友耿耿于怀。与此同时，就在城市的另一端，邦妮始终觉得丈夫并不是真正地爱自己，因为在结婚之前，两个人曾经历过一年的分手期，而就在这段时间里，丈夫曾和另一位女性有过短暂交往。

## 动辄暴怒

人们常常会因被冷落或是被忽略而感到恐惧和愤怒，尤其被他们所关心的人冷落时。在《情绪的解析》（*Emotions Revealed*）一书中，著名心理学家保罗·艾克曼（Paul Ekman）指出：

"愤怒会控制你，愤怒会让你受到惩罚，愤怒会让你遭到报复。"

当我们对拒绝非常敏感时，这种反应往往会被人为放大。艾克曼认为，这只会导致局面进一步恶化："愤怒最危险的特征之一就是会诱发出更大的愤怒，而且这种恶性循环会迅速升级。在面对另一个愤怒者的时候——尤其是这个人的愤怒似乎并无道理而且又自以为是时，只有圣人才不会以愤怒为回应。"

## 防范拒绝

拒绝甚至是遭到拒绝的预期都有可能让人崩溃。很多对拒绝高度敏感的人经常会纠结于缺乏价值或是不被喜欢的感觉。按照这样的思维，他们自然会感到脆弱和悲伤。对这些人来说，刻意防范拒绝是很常见的事情，比如说，逃避社交活动，掩藏缺陷，在外人面前只展现自己的优势，或者以超常的友善与关怀努力去赢得他人喜爱。但这些行为只会让我们感到更加孤独，觉得"如果让他们了解真实的我，就不会再喜欢我"。

### "我不介意"

有些人貌似不会因为遭到拒绝而感到痛苦，但实际上，他们只是试图通过假装忽略拒绝而远离痛苦。安德鲁喜欢以麻痹自己情绪的方式缓解伤害。其实，他并非不会因拒绝而感到苦恼，而是在刻意压制这种反应。但问题在于，在他貌似不为所动的表情后面，隐藏的是内心无助的烦恼。比如在某一天的工作中，安德鲁不知因何而感到莫名的不安。那天，他因为某个同事提出了一个简单问题而狠狠地斥责了对方。随后，他突然意识到，从前一天晚上开始，他就觉得郁闷烦躁。实际上，几位朋友在社交网络上发布了他们在自己最喜欢的酒吧聚会的照片，但几位朋友根本就没有邀请安德鲁。

### 自我封闭

高度封闭的人通常不会向他人寻求安慰、支持或鼓励。因为他们会刻意回避给别人拒绝自己的机会，因此，他们似乎不会因为遭到拒绝而感到煎熬。但事实远没有这么简单。虽然阿尔伯特也有某些这样的特质，而且确实很享受全身心投入工作带来的乐趣，但他也意识到自己确实存在与他人交往的愿望，而且这种过分独立的生活也给自己带来缺失感。尽管他并没有孤独感或是真切地感到被拒绝的恐惧，但是在闲暇之余，他还是会感到不安，而且会更希望接近于某个人，尤其是他的女朋友莎伦。但他并不清楚该如何处理这种关系，而且担心这种依赖反而会招致她的批评甚至拒绝。

理解拒绝敏感的方法之一，就是想象皮肤被烧伤的感受。即使轻轻地触及伤口也会带来剧烈痛苦。你肯定会不遗余力保护自己的伤口，希望所有人都远离这个伤口。只要有人触碰到它，就会让你感到恐惧甚至愤怒。如果你长期生活在这种对拒绝高度敏感的状态下，就有可能会感到沮丧、焦虑或者试图在心理上对这种持续性痛苦麻木僵化。在现实生活中，真正的痛苦是你的"自我"。

## 根深蒂固的拒绝敏感问题

正如本书前言所指出的那样，约翰·鲍尔比（1907—1990）的依恋理论有助于我们解释拒绝带来的煎熬。在经过初步工作之后，鲍尔比在出版于 1969 年的《依恋与分离》（*Attachment and Loss*）一书中，首次提出这个理论。几十年来，随着这个领域研究的激增，依恋理论目前已自成一体。在这里，我们不妨简单介绍一下这个理论。依恋理论的基本原理是，人与自己及他人联系的方式不仅有生理学方面的基础，而且依赖于人的早期生活经历。婴儿出生在这个"连线"世界后的第一项任务就是寻求联系，或者说寻求依恋关系。他们希望照顾者（通常是他们的母亲）能满足自己的生存需要与情感需求。而他们为寻求安全、舒适和鼓励所选择的成年人则被称为依恋对象（attachment figure）。重要的是，在进入成年的过程中，人们会拥有形形色色的其他依恋对象，如导师、密友和配偶。

我们首先要认识到，父母对孩子的影响是有限的（我们稍后再讨论这个话题），在此基础上，不妨看看亲子关系体现在依恋理论中的基本内涵。在成长过程中，孩子会认识到，他们的照顾者通常会对自己的求助做出某种反应，譬如给予安慰和帮助，让照顾者感到焦虑或愤怒、被忽视或者这些反应的某种组合。儿童对父母的反应做出的回应，则构成其依恋风格（或联系方式）的基础，而且他们通常会在余生中保持这种联系方式。当然，依恋风格多少会受到生活经历的影响。我们可以看看珍妮的情况——本书中反复出现的角色之一。珍妮经常会受到母亲的批评，这在珍妮的思想深处留下了深刻烙印——表现为自卑感和对他人拒绝的畏惧感。

金·巴塞洛缪（Kim Bartholomew）和伦纳德·霍洛维茨（Leonard Horowitz）两位心理学家发现，人的依恋风格取决于他们与自己及他人之间联系的结合。基于这两个要素，他们把依恋风格划分为内在自我意象（model of self）和内在他人意象（model of others）。（根据这两个要素的不同组合方式，我们可以得到四种基本的依恋风格，这也是我们将在本章随后部分讨论的话题。）

## 内在自我意象

人的内在自我意象是指他们如何认识并最终与他人建立联系。婴儿的内在自我意象，或者说自我感觉取决于照顾者（依恋对象）如何回应他们的需求。尤其是在年幼时期，这种回应对婴儿自我认识的影响尤为明显。如果照顾者能感受到婴儿的痛苦，而且能平静、亲切地安抚他们，那么，婴儿就会形成一种安全感，即，他们此时不仅会得到照顾，而且拥有照顾者所赋予的爱。这种感觉不仅会在整个童年时期不断被强化，而且会延续至他们的余生。积极的自我意识会给他们带来内心的宁静，而不是焦虑。

如果人的内在自我意象表现为自我挑剔，那么，他们则会显示出焦虑型依恋风格。这些人往往会觉得自己不称职、不完美、不值得被爱，或是形成其他负面的自我意识。这种内在自我意象会让他们在处理自我关系时感到焦虑。而在以这种方式处理自己的社会关系时，自然会让他们担心被拒绝，而且会时刻提防，以免遭到拒绝。换句话说，消极的自我意识只会导致人们对拒绝的高度敏感。

## 内在他人意象

内在他人意象是指人们如何感受依恋对象（遇到困难时的求助对象）的情感可用性或可及性（emotional availability）。在孩子的体验中，如果父母对孩子痛苦的通常反应是接受、给予爱和安慰，那么，孩子就会逐渐认识到，在困难时，他们可以求助于这些对自己影响重大的他人。相反，如果在成长过程中得不到父母的回应，或是对照顾者的回应感到畏惧，那么，这些孩子往往会学着尽可能远离这种关系。

这就让他们产生一种认为无法获得他人情感支持的观念，从而形成所谓的回避型依恋风格。在这些人的感受中，其他人会因为冷漠、软弱或是缺乏能力而无法提供帮助，甚至对他们怀有敌意。在以这种思维看待他人时，自然会让他们对被拒绝的可能性非常敏感，以至于会刻意规避情感接触。因此，即使这些人可能在表面上与他人亲密无间，但思想深处却筑起一道厚厚的"墙"，将所有可能的情感侵犯拒之于千里之外，所有人都无法窥探他们的内心世界。尽管缺乏情感亲密感并非有意为之的问题，但完全有可能成为真正的问题。尤其是在面临无法解决的问题或是被某种严重的缺失感所困扰时。

## 对内在自我意象进行评价

必须认识到，个人的内在自我意象是一个广义上的维度，它并不是一个孤立的点位结论，而是一个区间。每个人都会遇到各种各样的情况，面对形形色色的问题，心情好坏都是正常现象，但不同的人对待现实与问题的态度可能截然不同，有些人体会到的可能是被关爱感和平静，而有些人的感受可能是被疏远和焦虑。如果倾向于按后一种方式解读自身感受，那么，依恋风格自然会倾向于焦虑型。

通过阅读图1-1，我们可以看到，人的自我认识是截然不同的。因此，我们可在日记本或是一张纸上复制该图中的刻度。然后，在每一条线上做出标记，表示我们在日常生活中的自我认识。在这里，我们的目标不是要找到一个确切的数字，而是得到一个区间。

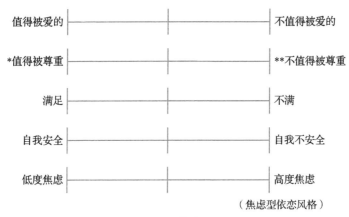

\* 值得被尊重：健全、强大、可以接受
\*\*不值得被尊重：有缺陷、自卑、软弱、不可接受

**图1-1 内在自我意象的评价模型**

## 内在自我意象是否让我们感到焦虑？

不妨考虑如下对负面自我意识的常见描述方式。在我们的日记中（也可以只用一张纸），写下我们认为适合自己的每一种表

述方式。

## 在内心世界中感受到的自我

- 感到不安全、依赖、软弱、自卑、有缺陷或不足

- 感觉在生活中不及他人或是不称职

- 感觉在这个世界上很孤独（尽管有其他人在身边陪伴或支持你）

- 自我挑剔（或是自欺欺人）

- 感到羞耻或是厌恶自己

- 因为缺陷而对自己心存怨气

- 因为非常消极的自我感觉而选择自我封闭

- 害怕不能控制自己的情绪（认为强烈的情绪表达会表明问题出在自己身上）

## 在与他人关系中表现出的自我

- 不加思考地把他人的反应当作拒绝

- 害怕遭到他人的拒绝或抛弃

- 为避免被拒绝而远离他人

- 因为他人未能在你认为需要时陪伴和支持你，或是没能让你感觉更好而对他人心存怨气

- 绞尽脑汁地向他人证明你值得被关注

- 缺乏自信或是依赖他人

　　**思考我们记下的每一种描述**。适合自己的描述越多，说明我们的依恋风格越倾向于焦虑型。另外，适合我们的每一种描述恰恰也是在提醒我们，有必要在这方面有所改进。记下我们对这些自我意识的所有想法，会让我们受益无穷。

　　当努力打造更积极的自我关系时，我们会注意到，适合自己的描述会越来越少，而且我们最初认为适合自己的描述也会变得越来越远离自己。

## 对内在他人意象进行评价

　　和内在自我意象一样，对内在他人意象的体验也是一个维度或区间。每个人对他人情感可用性的感受程度都是不同的，这就导致人们在建立情感亲密关系方面的深度会各有差异。如果我们经常感到无法获取他人的情感反应，即，他人在情感上是不可用的或者说不可及的（emotionally unavailable），那么，我们就有可能在刻意规避深层次的情感交流，而且不会把他们当作可以提供慰藉的依恋对象。这表明，我们的依恋风格可能属于回避型。

　　在日记本或是纸上绘制图 1–2 所示的刻度，然后，在代表每个维度的水平线上做出标记，表示在日常生活中，我们在该维度上如何看待他人，以及对他人的反应处于哪个水平。

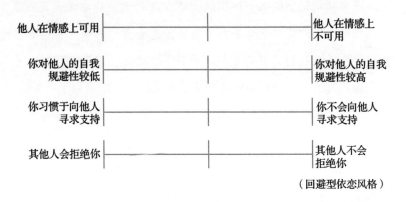

图1-2　对内在他人意象的评价

## 内在他人意象是否让我们趋于回避型？

如下是回避与他人形成亲近关系的常见表述形式。

在日记本或是一张纸上，写下我们认为适合自己的每一种表述方式。

### 在与他人关系中展现出的自我

- 独立
- 自信
- 对其他人的个人事务不感兴趣

### 你对他人的看法

- 不可靠或不称职
- 不支持

- 漠不关心
- 不可信
- 拒绝
- 挑剔
- 在总体上对其他人不会或不能提供支持

**思考我们记下的每一种描述**。适合我们的描述越多，我们就越有可能觉得自己更独立。越是觉得其他人不会在情感上提供帮助，我们的依恋风格就会愈加倾向于回避型。既然我们觉得没有希望获得他人的支持，那么，我们就更有可能变本加厉地寻求自立和自给。记录我们对这些问题的看法。

在思考自己的内在他人意象时，我们可能会意识到，你总是认为其他人在总体上是情感可用的，唯独对你不然。当人们的内在自我意象认为自己不够完美时，往往会出现这样的认识。在这种情况下，我们可能会觉得有必要为赢得他人的关心和支持而证明自身价值。如果有这样的想法，请思考并记录下你内心的焦灼与不安。

在学会接受他人情感可用性（当然还须客观认识其他人的这种属性）的过程中，我们会觉得自己与他人的情感联系更加密切。在这个过程中，关系也逐渐成为一种提升幸福感的个人资源。

## 四种依恋风格的划分

上面描述了两种最常见的依恋风格——焦虑型和回避型，但是在现实中，我们可以把依恋风格划分为四种基本类型：安全型、焦虑痴迷型、疏离冷漠型和恐惧回避型。第一种类型属于安全的依恋风格，而其他三种则被归集为不安全的依恋风格。我们可以通过内在自我意象和内在他人意象的不同维度来理解这些风格，如图1-3所示。

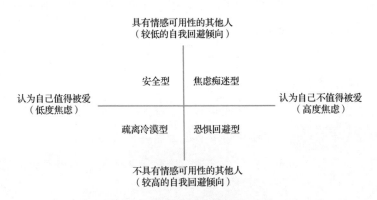

**图1-3 成年时期的四种依恋类型**

资料来源：Bartholomew 和 Horowitz（1991），Griffin 和 Bartholomew（1994），

Mikulincer 和 Shaver（2007）.

**安全型**：具有这种依恋风格的人总体上对自己感觉良好，他们认为自己既有能力又值得被呵护，尽管承认自己的弱点、错误和缺陷，但是在遇到困难时，他们从不吝惜自我关爱。此外，他们还会把生活中重要的其他人物视为依恋对象，这是他们赖以获得支持和鼓励的源泉。虽然拒绝（甚至是遭到拒绝的可能性）确实让人难以接受，但他们总能理性看待自己的顾虑，而且知道他们有足够的资源应对危机。

**焦虑痴迷型（不安全）**：对具有这种焦虑依恋风格的人来说，身边总有些事情是不可接受的。他们可能会觉得这些事物不值得被爱、有缺陷或是不合适，而且这些人习惯于自我批评。尽管他们也会把其他人当作支持的潜在来源，但他们觉得自己不配取得他人的帮助。于是，他们会绞尽脑汁，甚至近乎痴迷地去尝试以某种方式的"表现"，"赢得"他们所需要的关注或爱护，比如说，刻意地去满足他人的需求或是在某些领域取得成功。但是在解释获得所需要的关注、支持或爱护时，他们会把功劳归结于这些刻意的表现，而不是他们自己。因此，一旦功亏一篑或是感受到被忽视、抛弃甚至拒绝的危险，他们几乎无一例外地会陷入苦恼当中。

**疏离冷漠型（不安全）**：这种回避型依恋的人会以回避来逃避痛苦。这些人会认为，他人在情感上是不可用的，因而认为其他人在情感上没有价值，他们甚至会觉得，依赖他人只会带来伤害或失望。因此，他们倾向于避免与他人建立亲密关系。另一方面，他们习惯于以回避来管理情绪（这可能是压倒性的）。他们感受不到自身价值，认为自己的价值完全取决于他们所取得的成就和情境管理能力。这种风格导致他们忽视他人以及自身内在体验的价值。

尽管规避情感亲密弱化了他们对他人拒绝自己的敏感度，但他们依旧对任何失败（甚至是潜在的失败）异常敏感，而这会促使他们经常以不切实际的高标准判断成败。毕竟，如果真能取得这种程度的成就，他们的价值当然毋庸置疑。但事实往往并非如此，他们面对的更多的是失败，这让他们只能纠结于自我否定和自我批评。

此外，纵然疏离冷漠型风格的人未必对他人的拒绝非常敏感，但被拒绝的体验依旧会触发其内心的拒绝感。在外人看来，他们对内心的拒绝感做出的反应有时让他们看似在加倍努力，向着更高的成就迈进。但在其他情况下，这种依恋风格也可能会让他们因无法达成理想而自责，或是更沉迷于以前取得的成就。

**恐惧回避型（不安全）**：具有这种焦虑和回避型依恋风格的人会觉得，他们不能依靠他人或自己而获得重视或是缓解痛苦。这些人可能对父母有着强烈矛盾的感受——既可怕（基于愤怒的反应），又害怕（基于焦虑的反应）。因此，向自己和他人寻求安慰的尝试没有任何意义。于是，他们经常会感到心烦意乱，人际关系也非常不稳定。无论是真实的拒绝，还是感知的拒绝，都会让他们陷入貌似无法解决、愈演愈烈的痛苦中，以至于没有方法能让他们感到安慰或重获价值感。

需要提醒的是，在思考这些依恋风格以及界定你自己的依恋风格时，上述分类并非是四种格格不入、截然不同的风格。相反，内在自我意象和内在他人意象源自各种各样的生活体验。你对自己被他人关爱的程度的感知有多有少，对他人情感可用性的体验有轻有重。因此，假如你属于焦虑痴迷型的依恋风格，那么，这个标识只是对你的总体性描述。至于你的准确风格，还要取决于你在内在自我意象和内在他人意象矩阵中的具体位置。此外，随着时间的推移，每个人的风格都会因为阅历的增加而发生改变，即使在不同的人际关系中，我们往往也会表现出不同的依恋风格。

按照与每种风格的相关性程度，可以衡量我们的具体依恋风格到底位于哪个位置。此外，我们也可以通过克里斯·弗拉雷（Chris Fraley）等学者在 2011 年开发的在线调查问卷（包括一份经验证的"亲密关系体验修订版"问卷），为自己的依恋风格给出更正式的定义。在把孩子的非安全依恋风格归咎于父母之前，我们首先需要认识到，很多因素可能会给孩子带来父母无法左右的深远影响。由于某些不可避免的情况——譬如焦虑症、抑郁症或者其他导致衰弱无力的疾病，确实会让某些父母无法为孩子提供有效帮助。

另一方面，环境因素也会对孩子带来负面影响，比如成长在充斥暴力的社区或是曾遭受同龄人欺凌的受害者，在这种情况下，父母很难改变他们的内心世界，甚至不可能缓解他们的痛苦。此外，收养或寄养等特定情景也会影响人的依恋风格。最后一点，就像不存在两片完全相同的雪花一样，也没有两个婴儿会完全相同。（我对此深有体会，因为我就有一对双胞胎。）每个婴儿生来就有不同的秉性和气质，体现在他们对外界环境的反应、情绪以及专注力和持久力等方方面面。有些儿童患有影响沟通能力的神经障碍症，比如患有自闭症的儿童。所有这些因素都会给孩子的依恋风格发育过程带来巨大影响。

> **提示**：贯穿整个部分，我曾提到被接纳和被关心的重要性，因为每个人都有希望被他人接受和关心的内在价值。如果你相信人的价值源于他们的所作所为，那么，你或许就不会真正理解、更不用说相信我的话。若是这样，可以阅读第八章"创建自我接纳意识"中"了解真相：我们不仅称职，而且配得上尊重"一节。

## 依恋风格如何帮助我们应对拒绝

虽然遭到拒绝对每个人来说都是痛苦的，但拥有安全型依恋风格的人显然比其他人更善于应对拒绝。这些有韧性的人通常拥有积极的内在自我意象，因此，他们对自己感觉良好。此外，按照他们的内在他人意象，他人具有情感可用性和支持性。因此，在真正感到被拒绝时，他们可以依靠内外部的支持，帮助他们以均衡的观点看待拒绝。我们不妨以艾米丽的故事为例来说明这一点。

　　尽管生活中难免起起落落，但艾米丽似乎总能随遇而安。并不是她从不会烦恼或是永远没有遇到过困难，而是在遭遇逆境时，她总能轻松地让自己恢复平静。童年的艾米丽是幸运的，因为父母不仅给她带来了宁静与安全，而且在她感到害怕、悲伤或沮丧时带来关怀与安慰。他们给予的慰藉让艾米丽永远不乏应对生活挑战的信心和力量。

　　如下三个要素让拥有安全型依恋风格的人在面对拒绝时更有韧性：

### 接受自身值得被爱的积极内在自我意象

- 从被重视和值得被关爱的感觉开始，拥有安全型依恋风格的人能维持积极的自我认识，或是在困难面前迅速恢复积极的自我认识。
- 自我接纳有助于他们理解、承认、接受、容忍并有效管理自己的情绪。
- 他们更有可能以关爱之心认识自己，这显然有助于他们治愈痛苦的情绪。

### 承认他人情感可用性的积极内在他人意象

- 拥有安全型依恋风格的人通常认为，他人可以在情感上具有可用性，而且重视他们。因此，在感到被某人拒绝或是因为某种情况而遭到拒绝时，他们可以得到并感受他人对自己的真正接纳。尽管拒绝会带来痛苦，在这种更宽阔的胸怀面前，所有拒绝都不再具有毁灭性。

- 以宽容开放的心态对待他人，让他们能设身处地地考虑（并同情）他人的感受。相反，如果只想着会导致他人结束关系或提供批评性反馈的事情，则会妨碍我们换位思考。例如，一个拥有安全型依恋风格的人或许能意识到，朋友最近对自己的严厉指责其实只是因为眼下工作造成的疲惫和压力。虽然他们或许也会觉得这些批评无法接受，但不会认为这是针对他们个人，而且不会因为这些过激的语言而对朋友耿耿于怀。通过相对平和（即使没那么愉快）的反应，他们可以有效控制当下的环境。

## 应对拒绝的积极模式

- 拥有安全型依恋风格的人不太可能小题大做。他们拥有理性应对拒绝感的内部与外部资源，因此，他们不太可能在情绪上反应过度，或是陷入情绪化反应不能自拔。比如说，如果伙伴要求他们收拾烂摊子，他们不会把对方的请求看作对自己的发泄，或是因此觉得伴侣是有洁癖的怪人；相反，他们会对伴侣遭遇的挫败感给予同情，而且真心希望缓解对方的挫败感。

- 他们以积极的心态看待自己，而且在总体上被其他人所关心，这就让他们更有可能面对被拒绝的风险。因此，在他人对待自己的方式上遇到问题时，他们可以更自由地抒发感受。

- 他们能游刃有余地应对既定情况，收放自如，不为眼前困难所束缚。

和艾米丽一样，尽管很多人在童年时期自然而然地形成安全型依恋风格，但并非所有人都有如此好运。但依恋风格是可以改变的。在阅读本书的时候，在努力打造更有价值、更值得关爱的内在自我意象和更富情感可用性的内在他人意象时，我们对待拒绝的态度都会在潜移默化中发生变化。在这个过程中，我们不会再觉得被拒绝不可接受。我们不会因为被拒绝而歇斯底里，相反，我们不仅会平心静气，甚至可以把拒绝当作一个成长的机会。

# 第二章

## 自我改造的
## 理论与实践

珍妮在琢磨，梅丽莎为什么没有给自己回电话呢？自从上次一起看电影之后，已经过去了几周，梅丽莎就一直没有再联系自己。珍妮不知道自己到底做错了什么，让梅丽莎不愿理会自己。将手放在胸前，她能感觉到心跳几乎和思绪一样跌宕起伏：我真的需要控制一下情绪；我不能再次陷入焦虑中不能自拔。想到这，她决定做几次深呼吸。按照以往的经验，她觉得在日记中写点东西会有效果，于是，她坐下来，在日记本中记下自己的想法和感受。看着自己的日记，她意识到，她对梅丽莎的担心正在失控。她的意思是说，她们已不像以前那样每周都要聊天。接下来，她决定洗个澡，然后出去办点事。到了下午，尽管对自己是否冒犯了梅丽莎的担心还未彻底消失，但她已经没有像早晨那么焦虑了。于是，她决定稍后再写日记，重点考虑自己的想法、情绪以及如何应对这种局面。

通过一番努力，我们就可以让自己转变为对拒绝更有抵抗力的人。和任何有意义的尝试一样，这条道路也难免充满障碍和挫折。当然，在这个过程中，我们不得不面对形形色色的拒绝，并学习以不同方式接受拒绝，这种感觉就像是一种诱惑让你把头放在狮子嘴里一样。但如果更多地了解这个转变过程，更好地把握如何实现这个转变过程，就可以为我们提供更有效的方法和工具，从而让这条路不那么望而生畏。这就是本章的内容。

在这里，我们将学习如何以开放和敏感的思维应对变化，兑现我们对实现目标的承诺，从而在感受痛苦时有能力实现自我救赎。这套工具可以帮助我们实现自我安全、不突破我们的忍受范围、守住可以接受的底线、使用日记认识我们的拒绝敏感、进行自我安慰、探讨构成"STEAM"模型自我认识的五个领域。在本章末尾以及随后的各章节中，我们将进一步对该模型此进行详细描述。

## 看看你是否感觉稳定

在生活中，我们都需要感受到某种程度的稳定性，只有这样，我们才能去面对实现更多个人改变的挑战，包括如何以更强大的韧性面对拒绝。因此，我们必须关心日常生活中的基本活动，比如说，在家里储备健康食品和支付账单等。

卡特琳娜是当地小学的一名助理教师。因为从小和酗酒的父母生活在一起，因此，她接受的"训练"就是学会照顾他人——父母很早就把照顾弟弟妹妹的任务交给她。在卡特琳娜的记忆中，在七岁左右她就已开始做这件事。那么，我们现在该如何帮助她呢？每每提到这个话题，立即浮现在我们脑海中的就是她忙碌的身影——在她的生命中，即便是短暂的停顿都难得一见。她似乎有无穷动力去照顾家人和朋友，以至于她永远在想着为别人做点什么；她忘记了睡觉和吃饭，这样才有时间为他们烤制面包，为他们查询医疗健康方面的问题，在他们难过时陪他们聊天解闷。即使想到拒绝他们的请求，或是没有竭尽全力帮助他们，都会让卡特琳娜感到没有价值，让她有一种莫名的恐惧——担心他们不再接受自己的地位。每每想到长久以来的压抑、疲惫，应该善待自己的时候，她马上会无比自责地抱怨，"你怎么能这么自私呢！"尽管卡特琳娜也觉得有必要做出改变，但每次闪现出这个念头时，她就会不由自主地想：我太累、太饿，没有精力去想这些事。然后，她就一如既往地延续固有状态——强迫自己去帮助别人，忽略自己的需要。

所有人的内在力量和资源都是有限的。因此，要拥有克服拒绝敏感问题的精力和能力，首先需要充分满足自己的基本需求。

## 你是否在关心自己的基本需求？

这项练习可以评估我们是否会得益于更多地关注个人基本需求。为此，我们只需一支铅笔和一个日记本，或是一张纸也可以。

抄写如下你认为基本符合自身情况的事项。

### 环境安全需要

- 我在家的时候会在身体上或心理上感到恐惧
- 我的家庭环境带来的是心理上的不健康
- 我的生活状况缺乏稳定性

### 财务安全需要

- 我确实没有值得依赖的足够收入
- 我的收入水平不足以支撑自己的基本生活开支
- 我确实觉得自己缺乏理财能力

### 基本健康需求

- 我确实睡眠不足
- 我非常担心自己的饮食习惯或饮食内容
- 我确实缺乏锻炼
- 我在觉得不适时不会去看医生

● 我没有接受年度体检

**考虑摘抄的各主题会如何影响我们的安全感**。想想它们会如何让自己丧失清晰思考、关注和解决拒绝敏感问题的能力。

**制订解决每个问题的计划**。对每个主题，可以在日记本使用单独一页纸，列示出有助于解决这个问题的具体步骤。每个步骤都应该细致入微，这会大大增加计划的可操作性。比如说，如果我们在理财方面遇到困难，可以每天采取一个小措施——把全部账单整理成一叠，然后按类型对这些账单进行分类（比如水费和电费等），再制作一个文件夹，分类放置每一类账单。

如果我们觉得这已超出自己的能力范围，可以寻求他人帮助。我们可以询问朋友或联系专业人士，比如专业会计师或理财规划师。满足了这些基本需求，就可以为我们提供攻克拒绝敏感的核心力量。

## 守住忍受力极限

不要过度反应。查德会这样安慰自己——琳达只是在享受与朋友度过的时光，这会让他暂时走出情感漩涡。仅仅因为她和这些朋友交流得更多，并不能说明她和自己的关系已走到终点。在一次聚会上，他想利用这个机会检验自己的忍受力极限。在他们刚开始接触时，查德的忍受力很有限——哪怕只是一个微不足道的拒绝信号都有可能让他情绪失控。但是在不断以保持冷静和集中注意力的方式回应这种情绪的过程中，查德发现，他对拒绝的忍受力也在不断增强。换句话说，通过强化忍受力，他也逐渐变得没那么痛苦，而且能更好地处理拒绝感。

著名的精神病学家丹尼尔·西格尔（Daniel Siegel）博士将忍受力极限描述为为确保自己身心正常运转（比如说，能正常接收和处理信息，如图 2-1 所示）所需维持的唤醒范围。但考虑到我们对拒绝的敏感性，因此，在感受到拒绝或是担心被拒绝时，要确保不突破这个极限可能还需一些努力。正如查德采取的做法，学会接受和尊重自己的忍受力极限有助于提高我们的忍受力极限，学会在极度沮丧时安抚自己，而且敢于挑战自己去面对拒绝带来的情感纠结。

过度反应/挑战或逃避反应

忍受力极限

反应不足/自我封闭

**图 2-1 忍受力极限**

在感受到拒绝的威胁时，人们会忘记自己的忍受力极限。于是，他们的大脑开始启动如下两种方式之一，保护自己免受这种痛苦——过度唤醒（hyper-arousal，唤醒度太高）或唤醒不足

（hypo－arousal，唤醒度太低）。过度唤醒会导致人们进入战斗或逃跑模式，而反应不足的基本表现形式就是自我封闭。

在考虑过度反应时，不妨考虑这样一个示例：

在第一次见到琳达的时候，查德便立即被她吸引了。但是在他说话时，琳达始终在低头看手机，这让他体会到一种难以承受的拒绝感。他很快就变得异常兴奋，并被一种强烈的情绪淹没。这种过度唤醒的感觉并不陌生，此时，他彻底笼罩在强烈的恐惧和焦虑情绪中。每每出现这种状态的时候，查德就会陷入即将遭到拒绝的思维中无法自拔。此时的查德已超越了忍受力极限，这让他无法清晰思考。在这种情况下通常不会出现学习，因此，查德无法学习以不同方式应对拒绝。

大脑保护我们的一种消极方式就是唤醒不足，或者说自我封闭。在这种状态下，我们可能会体会到情感上的孤立或沮丧。此时，我们会减少运动，感觉与身体脱节。我们的思维也会感到迟钝，难以思考。有的时候，人们可能会像谈论天气那样，满不在乎地谈论被冷落这样的大事。我们经常会看到这样的情形：接受治疗的患者夸夸其谈自己如何不配尊重或是对他人无关紧要，但他们在内心深处并未感到不安。反之，他们可能会突然感到疲倦，或是无法清晰地思考。这就是唤醒不足的迹象，会严重妨碍患者进行自我调整。

毋庸置疑的是，在攻克拒绝心理障碍时，我们总会在某个不同时刻、在不经意之间跨越忍受力极限。这绝非不正常之事，而是完全在预料之中的事情。为此，针对 STEAM 的各个领域（感觉、思想、情绪、行动和心智化），本书提供了很多种培养自我意识的练习，旨在帮助我们回归理性的唤醒（反应）水平。

## 接受你的极限

我们可能会发现，哪怕只是有意识地去思考被拒绝这个话题，也会让我们的焦虑程度急剧飙升，以至于远远超出我们的忍受力极限。此时，我们的反应可能会是自我批评——比如说，我们会这样想：你太敏感了！是什么让你如此担心别人如何看待自己呢？你渴望拥有更强大、更有韧性的精神当然值得钦佩，但是不能达成目的就惩罚自己，只会让你变得更自闭，并导致你惧怕责备，进而唤醒对拒绝的最初恐惧感。其实，我们完全有更好的办法面对这个问题。

与其责备自己，不如尊重自己的感受，毕竟，这种感觉源自于我们自身的生活经历。慢慢触及你的内心世界，多花点时间理解你的恐惧与挣扎，学会欣赏和鼓励自己，并最终接受和吸收你赋予自己的支持。这样，我们可以更有效、以更有关爱的方式减轻对拒绝的敏感度。

不妨看看一个假想的情境：你在小巷里遇到一只被遗弃的小

狗，你决定帮助它。但是在你接近它的时候，它却慢慢后退，而且开始向你咆哮。你很清楚，这只小狗感受到威胁，于是，你停下脚步，原地不动地站在那里。过了一会儿，狗似乎有所放松，但仍然用警惕的目光关注着你。你用碗给这只狗端来水和食物，但它依旧不让你靠近。于是，你放下碗，退了回去。小狗慢慢地走向食物和水。随着时间的延长，狗开始放松警惕，安全感不断增加，直到最后，它允许你坐在旁边看着它吃喝。然后，它可以让你抚摸自己。最后，你可以带它回家，给它梳理皮毛，享受你这个新朋友！

　　按照这种缓慢而温和的方法来应对拒绝或许是一个非常煎熬的过程。尽管很多患者在心理上希望改善生活质量，但却因拒绝带来的痛苦或是抵制改变过程而责怪自己。在出现这种情况时，最可取的策略就是以退为进，学会退一步思考问题。如果以往经验表明，我们此时此刻正处于非常危险的境地，那么，我们自然会拒绝放松警惕。因此，在尝试解决这个问题并发现自己马上陷入极度痛苦或警惕状态时，切记尊重这种反应的重要性。这同样是我们从以往经验中习得的结果。如果我们觉得不再需要这种反应，那么，改变的一个重要任务就是以温和但坚定的方式，持之以恒地为自己提供必要的营养和激励，帮助自己摆脱对拒绝的敏感。本书提供的资料和练习，即可帮助我们完成这项任务。

> **提示：**如果我们在童年时期遭遇过某种身体或心理打击，那么，我们或许确实需要训练有素的专业人士提供帮助，指导我们完成自我接受，并以自我关爱的方式解决上述问题。

## 以最适合自己的方式做记录

很多人发现，写日记是一种帮助我们以新角度看待拒绝敏感问题或其他日常心理障碍的有效工具。把自己的想法转化为语言，写下来，然后再反复阅读这些记录，这个过程可以帮助我们组织和澄清自己的经历和体验，并以此形成自己的看法。此外，每次阅读我们的日记，都会提醒被我们忘记的想法和观点。

日记可以采用结构化或非结构化的方式，每种方式都有各自的优点。书写结构化日记是为了响应某种提示。提示可以表现为开放式问题，譬如，"在你的人际关系中，是否会经常会出现让你感到被拒绝的情况（比如说，其他朋友没有邀请你一起出去聚餐）？"提示中也可以包含更详细的指示，比如说，"请写下你对拒绝做出的情绪反应。然后，写下你采取的行为反应。最后，记录这些反应会对其他人产生哪些影响。"贯穿本书，我们将会看到若干针对如何理解和思考各种心理话题的建议。在考虑每个话题的时候，我们都可以把它作为一个提示，借此记录我们的感受和体会。

非结构化日记则是在没有具体指导或是在仅有基础性话题的情况下，记录我们的想法。这种方式可以非常自由。一种有效的非结构化日记就是采用意识流风格进行写作。你可以随心所欲地写下自己想到的任何事物，丝毫不用考虑语法、拼写、编辑是否正确，甚至无须考虑是否读得通。换句话说，不管你想到什么，都可以原封不动地记录在纸上。以最原始的方式充分表达自己的真实感受，既不用考虑文笔，也无须考虑"情理"，这样，你就可以敞开心扉地面对自己的内心世界。这会让我们感受到某种情感的宣泄和内心的净化，并对自身及世界形成某种洞见。

有的时候，我们可能希望在日记中加入更多的内省式内容。我们可以马上或是稍后重新阅读自己写下的内容，记载自己的想法和洞见。无论是否会重复阅读，写非结构化日记的过程都会帮助我们澄清某些信念，因此，我强烈建议各位把这件事当作个人成长过程中的一项经常性任务。

将针对本书练习的所有注释及思考记录在一本日记本中，尤其会让使用者受益无穷。通过这种方式，我们可以反复阅读和思考这些话题。在这个过程中，我们可以提醒自己已被忘记的想法，关注思想上的变化，至少可以促使我们不断反思以往的思想历程。回顾通过阅读本书取得的进步，或许还可以给我们带来新的启发——我们很容易会因为过度关注自身缺陷，而无法意识到已经取得的进步。

我接待的很多患者不愿意写日记，因为他们不希望让任何人窥视自己的内心世界。对这些人而言，他们不妨这样做：把日记本放在一个不会被别人窥见的地方，甚至可以把日记本锁在抽屉里；可以把想法记录在一张纸上，然后便扔掉这张纸。尽管这会让我们失去以后回顾这些想法的机会，但亲手记录想法的过程本身就是有意义的。当然，我们或许更喜欢使用电子设备（平板电脑、笔记本电脑、台式机或手机）记录的心路历程。这种做法当然可行，但我们或许会发现，用笔写下自己的想法，会让我们将更多情感投入到这个过程中。

## 学习自我安慰

在试图摆脱拒绝敏感的整个过程中，期望始终保持冷静是不现实的。然而，在极度沮丧以至于无法正常思考或以建设性方式做出回应时，我们的首要任务就是安抚自己，让我们的唤醒水平恢复到忍受力极限内（我们在本章前述部分介绍过这个概念）。

因此，在面对痛苦时，我们需要找到一种能赖以抚慰自己的方法。

### 创建一份自我安慰的"优先行动"清单

使用这个练习，创建一份在沮丧时可以参照的行动列表。在这个过程中，最重要的就是一定要在心平气和时完成这份活动清单，这样，在你最需要这份行动指南的时候，不必靠胡思乱想——切记，越是在沮丧的时候，我们就越难以正常思考。你可能希望在手机或是单页纸而不是在日记上完成这项练习，这样，你就可以随时随地让这份行动清单陪伴你。

在你的行动清单上，一定要记下那些会让你觉得心平气和的行为。想想你此时此刻正在做的事情。还可以回想以前做过而且希望重新体验的活动。比如说，我们可以从如下列表中选择。检验一下，看看这个列表是否会让你想到有助于实现自我安慰的活动。当然，你还可以尝试有助于实现这个目标的其他活动。

- 听音乐
- 轻轻松松地洗个热水澡或是淋浴
- 锻炼身体
- 做瑜伽
- 和朋友聊天
- 读书
- 使用手机玩游戏
- 上网浏览
- 看电影或电视节目
- 做手工游戏
- 弹奏乐器
- 品尝让你心情愉悦的美食（最好是慢慢地品味，以便于充

分体验美食带来的舒适感)

- 做按摩
- 做能让自己发笑的事情

在完成自己的行动清单之后,切记把它放在易于获取的地方。可以随时在这个列表中增加新的活动,甚至记下我们在面对压力时尚未尝试过的新活动。

**定期查看这个列表**。我们思考、更新和参照这个列表的机会越多,在感到沮丧时就越有可能想到和利用这个清单。

不过,我们可能会注意到,越是有益的活动就越有可能被过度重复,从而带来新的问题。因此,我们需要关注实施这些活动的时间或时长。如果某些活动导致我们陷入自我毁灭性恶习,比如情绪化的暴饮暴食或是沉迷于网络,那么,我们最好彻底避开这项活动或加以限制,比如说,只在特定时刻实施某些活动(晚8点之后不吃零食)。

## 学习放松练习

很多练习专门用来帮助人们放松心理。我们或许可以从如下活动中有所收获,或者至少可以给我们一些启发。

**想象**:闭上眼睛,想象能让你感到非常舒适惬意的环境,譬如树林或海滩。尽可能使用你的所有感官,想象自己身处其中的情境。比如说,我们可能会想到海滩,想象阳光沐浴在脸上的温暖和煦，聆听海浪轻击海岸的窃窃私语声，仰望在头顶轻盈掠过的海鸥，甚至是轻轻感受沁人心脾的海风，品尝空气中淡淡的盐分。

**深呼吸或横隔膜呼吸法**：在用鼻子深深地吸气时，我们的腹部会像气球一样充气；在用力呼气时，腹部会收缩。请注意，不要让肺部运动幅度太大。缓慢地深呼吸五到十次。你可以把一只手放在腹部，另一只手放在胸部，以便于让你的呼吸更均匀。如果你仍然觉得有困难，可以仰卧，背部和双脚平放于地板上，保持膝盖弯曲。这个姿势更有助于进行横膈膜呼吸。掌握这个技巧之后，我们就可以按坐立姿势进行这项练习。

**正方形呼吸法**：这项练习尤其适合于因情绪剧烈波动而感到苦恼的人。在进行深呼吸时，先用力吸气，从 1 数到 4，屏住呼吸，从 1 数到 4，再用力呼气，从 1 数到 4，屏住呼吸，同样从 1 数到 4。在脑海中想象这个画面：在每一个呼吸和计数周期中，你在心里画出一个正方形。

除上述练习之外，我们还会发现，进行正念冥想练习不仅可以帮助我们恢复心绪平静，还有其他好处。

## 正念练习的诸多益处

在《正念：此刻是一枝花》（*Wherever You Go，There You Are*）一书中，著名的正念培训师乔·卡巴金（Jon Kabat-Zinn）对正念给出如下定义："用一种特定方式集中注意力：守住目标，存在于当下，心平气和，不妄加判断。"我们可以关注任何体验的任何一个方面，譬如我们的感觉、想法、情绪或行为。

大量研究表明，如果能学会刻意关注自己的经历，而且不对这些经历做任何主观判断，会让我们在诸多方面深受裨益，比如说：

- 提高对情绪（包括恐惧）的容忍力和调节力
- 缓解压力
- 改善自我控制
- 改进关注力
- 减少情绪化反应
- 提高心理灵活性
- 增加自我洞察力
- 提高自我关爱
- 提高对人际关系的满意度

正念练习可以强化我们对拒绝的认知，缓解对拒绝的敏感性。也就是说，我们不再以情绪化的反应面对拒绝，而是通过正念意识，对被拒绝的经历或对拒绝的恐惧进行理性、客观的思考。这样，我们就能以更健康的方式对拒绝做出反应。后续章节介绍的正念练习将会增强我们在 STEAM 五个领域的自我意识，而 STEAM 则是我们在下一节探讨的话题。

# 以 STEAM 打造自我意识

如本章前文所述，我们对被拒绝和被遗弃的过度敏感（也包括我们的畏惧心理），也揭示出一个因依恋风格而来的问题。也就是说，在我们的内在自我意象中，我们对自己的看法不够积极，而且更倾向于认为自己不值得被爱、不值得被尊重、不称职、有缺陷或是有其他负面体验。而在内在他人意象中，其他人在很大程度上不会真正地关心和支持我们。

提高安全感的一个重要步骤，就是通过增强自我意识来更好地了解自己。在这个过程中，我们还可以重新评估自己的内在他人意象，学会以更宽容的心胸对待他人需要给予我们的关爱和接纳。在接下来的五章里，我们分别将在五个不同领域提供有助于强化自我意识的技巧，我们把这些领域统称为"STEAM"，分别代表感觉、思想、情绪、行动和心智化。

**感觉**：在学习关注自己的身体时，我们会发现，我们对体验的反应首先体现于身体层面。如果我们倾向于情绪失控，那么，调整感觉或许可以成为我们全面认识自我感受的出发点。

**思想**：人们往往只有想法，但却不善于思考自己的想法。学习评价自己的想法并加以思考，我们就可以从新的视角理解这些观点，包括进一步理解它们与感觉、情绪和行动的关系。

**情绪**：强化对情绪的自我意识就如同用火炬照亮情绪，让我们得以瞥见原本被意识阴影所遮蔽的隐含情绪，发现我们甚至还没有意识到其存在的情绪。我们越是关注自己的所有情绪，就越能充分地承认、容忍和理解它们。最终，我们会发现自己的真正价值，并学会欣赏"真实客观"的自我。

**行动**：通过关注自己的行动，我们可以更多地了解它们与思想和情绪的关系，以及行为如何不断强化我们的负面自我意识以及对拒绝的抗拒。

**心智化**：精神分析学家彼得·福纳吉（Peter Fonagy）及其同事曾阐述了"心智化"这个与鲍尔比依恋理论有关的心理学概念，尽管他们并非是这个概念的创造者。它描述了人们在本能中"触及"自己及他人内心世界的方式，从根本上说，这种方式是非意识性的。它需要我们理解人的内心体验如何影响其行为。通过这个过程，我们对自己及他人产生共情与同情。因此，通过培养这种能力，我们会不断强化对自己的积极认识，让我们感觉到生活中的重要人物会接受和支持自己。伴随这些变化，我们会不断缓解对拒绝的抵触情绪。

STEAM 模式下的自我意识是一种可以通过实践和经验习得的能力。它体现为不同认知领域之间的往复循环。因此，当在某个章节学习某个领域的认知能力时，我们完全可以重温其他章节介绍的另一种认知能力。随着这种融会贯通的体验不断丰富，我们就可以游刃有余地在不同领域之间自如转换，从而获得更全面、更丰富的自我意识。尽管任何人都不可能达到完全、彻底、恒久的自我意识状态，但至少可以掌握不断挖掘自身潜力的技能。练习得越多，就越能体现出我们对自己的认识。

> **提示：** 有的时候，我们可能会发现，提高认知能力会强化我们对拒绝的反应。在发生这种情况时，不妨暂时停下可能引发这些反应的练习。我们会看到，关注能培育更积极的自我意识的领域，会有助于我们解决这个问题。具体而言，我们可以进行第八章"创建自我接纳意识"中的部分练习。随着我们对变化的接受程度不断提高，尝试第九章"培养富有同情心的自我意识"中的练习，会让我们在这方面更上一层楼。

借助这些培养开放性、敏感性和变革承诺的工具，我们即可有效解决并克服拒绝敏感。这个过程的关键就是提高我们在STEAM 所述五个领域的自我认识，而起点就是本书的下一章——"感觉"。

# 第三章

# 感 觉

查德是一个 24 岁的小伙子，他经常回忆起高中时期成为州冠军棒球队投手和田径运动员的时光。那时，他学会了所有打造强壮身体素质的技能：吃得好；睡眠充足；坚持通过锻炼，提高自己的力量、敏捷性和耐力。但查德觉得，那已经是很久之前的事情了。况且，尽管他身体非常强壮，但却不知道自己到底有什么优点，甚至不知道这么强壮的身体能给他带来什么。

多年后的今天，查德开始学习用之前从未尝试的方式关注身体。最初，查德并没有意识到，每次在试图解读女友琳达发来的短信时，他的呼吸都会变得短浅而急促，那种感觉就像他在打棒球时击杀滑向本垒的跑垒员一样。虽然引发焦虑和恐惧的来源几乎没有任何相似之处，但他身体上的反应却是一样的。随后，查德回想起投球教练曾指导他如何关注呼吸的变化，并进行深呼吸：只需关注你的呼吸，慢慢地，深吸一口气……然后呼气。随着气体缓慢地呼出，查德感受到自己的焦虑正在减轻。呼吸几次之后，他便恢复了平静，可以思考正在发生的事情。他意识到，呼吸紧张的根源是恐惧心理：当琳达告诉他不能一起吃午饭的时候，这可能就说明她要离开自己了。于是，查德开始想，哥们，你是不是反应过度了？他又深深地吸了一口气，提醒自己：我知道，我有点担心，但她其实还告诉我，她准备明天重新安排时间和我见面。

很多人认为，他们的外在身体和内心世界是相互分离的。他们并没有注意到自己的感觉——STEAM 中的"S"，同样也是一种传递个人体会的载体。相反，他们完全把身体视为外在事物。对那些把身体视为庙宇的人而言尤其如此，在他们的心目中，身体的职责就是满足睡眠、营养和锻炼这些最基本的需求。虽然他们也会在身体方面打造自我形象，但却不会倾听身体传递给他们的关于内心体验的信息——就像查德在意识到浅呼吸是因为惧怕拒绝所采取的行为。其他人同样也很少关注自己的身体和身体感觉，只注重强化智力或精神上的自我。甚至很多认识到身体和内在体验的重要性的人，也会将它们断然分开，就好像他们的身体与内在的自我毫不相干。他们不能从根本上接受或是理解身心之间的不可分割性。

身心之间的联通不仅是真实存在的，而且这种联系极为强大。我们的身体不仅有自己的体验方式，还有自己的独有语言，感觉就是最典型的语言。在我们乐于倾听时，就可以用更全面、更丰富的方式去探究自己的内心世界。比如说，当我们感觉脸上的热度增加时，可能是因为我们心中有了自我批评的想法，或是对自己的行为感到尴尬。当我们感觉到胃里有一种翻江倒海般的痛苦感觉时，很可能说明，这种尴尬已经到了无以复加的地步。因此，通过调整身体，听从身体带给我们的信息，可以让我们更好地认识自己和我们的内心。

人可以在非语言的肢体层面彻底传递信息和体验。在这种情况下，由于无法用语言描述这些体验，这就导致他们不能及时地思考。比如说，如果孩子被依恋对象所忽视或是在情绪上经常受到依恋对象的批评，那么，他们就会觉得自己不合格或是不值得爱。这种事情甚至就存在于日常生活当中，比如说，每次哭泣或是在表达不悦的情绪时，他们就会被依恋对象送回自己的房间。对他们来说，情感上与自我无关紧要的观念成为他们生活中的一部分。尽管依恋对象从未明确表达过这种观念，或是把这种观念诉诸语言，但是那种与身体及情绪相互脱离的感觉还是让他们感受到问题的存在。

不管我们的拒绝敏感在多大程度上是有意的或是无意的，关注感觉可能都是我们解决这个问题的第一步。感觉是我们可以观察、体验并最终引导我们进入内心世界的原始体验。正因为如此，和 STEAM 的其他所有领域一样，感觉也是我们创建自我意识的基本要素。

本章讲述的信息和练习为我们提供了把身体与感觉相结合的机会，为培养自我意识奠定了基础。有些建议和练习有助于我们更好地认识当下的感觉，让我们充分关注自己的感觉，以及这种感觉如何让我们体验内在的自我。接下来的两个部分——"强化身体意识"和"正念冥想"就是最典型的示例。此外，通过"利用创意艺术发掘我们的原始体验"部分及其相关练习"为自己创作一幅拼贴画"提供的创意艺术，我们还可以学习如何以肢体表达非语言性体验。其他练习则引导我们利用感觉恢复平静，学会面对和接受当下，而不是被过去的拒绝经历或是对未来被拒绝的恐惧所左右。通过接下来的几个部分，我们将会看到，身体感觉将成为我们进入 STEAM 其他领域的阶梯。

## 强化身体意识

在预见会遭到他人拒绝时，我们可能会不顾一切地寻求认同，或是企图以达成不切实际的高标准而获得价值感。这些反应的相似之处在于，它们都关注外部，而远离了痛苦的内在根源。这可能会让我们与很多人一样，内心与身体彻底失联，以至于让形体变成行尸走肉。

摆脱感觉的瓜葛或许可以让我们把烦恼和痛苦拒之于千里，但也可能会让我们陷入无止境的不安或焦虑当中——让我们在浑浑噩噩中感觉到问题的存在，但却无从下手。很多以这种方式行事的人终究都会出现身体问题——譬如头痛、胸痛或胃部不适。压力会带来新的健康问题或是加剧原有问题，譬如高血压、心脏病、糖尿病或肠易激综合征等。除出现这些问题之外，压力还会导致他们不能对正常疾病做出有效反应，比如说，在真正出现胸部疼痛的时候寻求医疗帮助。因此，基于这些问题，学会倾听身体发出的信号是我们响应个人需求的第一步。

我曾见过一些思维与身体严重脱节的患者，甚至在眼泪已经流淌在脸颊的时候，他们都没有意识到自己的沮丧心情。即便此时，他们或许都没有在意识深处体会到自己真的很难过。人们对这些问题的反应和认知往往偏重于理性。尽管思维和感觉是相互影响的，但它们在大脑中的运行从根本上说是独立的。因此，人们不可能自然而然地从情绪直接过渡到思维。（每次不能成功进行自我克制时，我们就会认识到这一点，所以说，别再难过了，因为你的身体正在背叛自己！）但是，思维与身体的重新对接，可以为解读情绪提供一种体验桥梁。这样，借助这座桥梁，我们可以对身体的感受进行反思。

为了培养这种身体意识，我们可以在生活中着力进行有助于在思维与身体之间建立纽带的练习。为此，我们可以根据如下建议选择适合自己的练习。

**让自己动起来，注意你的情绪变化**：比如说，在住宅附近散步，去健身房锻炼，进行球类运动，远足；甚至是在家里主动做家务，比如清理橱柜、做园艺或是清理落叶。在运动过程中，关注自己的身体有何感觉。我们可能会注意到，不当的运动姿态会导致你的后腰受伤；当你开始徒步旅行时，你会觉得身体上的疼痛感会随着肌肉的发热而缓解甚至消失。一定要关注伴随身体活动起来而产生的任何积极情绪。

**按摩**：在接受按摩时，注意不同肌肉群进入运动状态时的感觉。此外，我们还有可能注意到某种特定情绪的出现。体会一下感觉和情绪的变化。

**跳舞**：身心交融本身就是舞蹈的精髓。当我们在日常人际关系遭遇危机的时候，和伴侣共同起舞会给我们带来很多想象不到的好处，无论是交际舞、萨尔萨舞还是广场舞，无一例外。此外，跳舞有助于我们改善健康状况，比如改善有氧运动的能力、身体的协调性和自信心。

**唱歌**：引吭高歌需要我们积极动用自己的呼吸系统和身体意识。更重要的是，在歌唱的过程中，我们的身体会释放一种名为催产素的激素，这种激素不仅有助于缓解压力和焦虑情绪，还可以增加信任感和联系感。因此，参加合唱不仅有助于建立社交联系，还可以让我们在非语言层面体会社交活动带来的良好感觉。

**瑜伽**：瑜伽需要我们调整呼吸和身体意识。此外，瑜伽中的某些动作可以让我们体会到脚踏实地的稳定感，或是充分感受我们当下的身体。

**太极拳**：这是一种起源于中国的防身术，可以说，太极拳就是"运动中的冥想"，它不仅有助于保持身心的宁静，还包含一些舒缓温和的动作，比如肢体的伸展。

**武术**：无论是合气道、空手道、综合格斗还是跆拳道，确实都需要发挥身体意识的功能，比如呼吸意识、注意力以及肌肉在紧张和松弛之间的配合与均衡。在练习武术时，需要充分调动我们的动感意识。此外，武术可以强身健体，同时提升我们的自信心。

除上述这些与身体感觉重新建立连接的方法外，我们还可以考虑冥想。我们将在随后几个章节介绍冥想练习，并推荐几种不同的冥想训练方法。

## 正念冥想

通过正念冥想练习，我们可以强化与内心自我的联系，并引导我们最终接受自我。此外，正念冥想还有助于培养平和、积极的健康心态。我们可以采取不同方法不加判断地关注自身体验，这涉及 STEAM 的各个领域（尽管本章着重探讨的是感觉）。譬如下一节所描述的那样，我们可以关注呼吸的感觉，并随时提醒自己在分心时恢复注意力。在相对平静的时候进行这项练习，有助于我们对更痛苦的体验（比如心跳加速时）建立正念意识（mindful awareness）。通过强化感觉的正念意识，我们就可以用心去体验感觉，而不会无法自制或是反应迟钝。在感觉与拒绝有关时，我们可以容忍和理解这种感觉，对感觉进行思考，并做出更健康的反应。

尽管我们可在互联网上学到很多关于冥想的知识，但正如我们对待所有话题都需要采用理性的态度，在冥想这个话题上，我们同样需要确保得到的信息是有效的。目前的权威正念培训师包括杰克·康菲尔德（Jack Kornfield）、约瑟夫·戈德斯坦（Joseph Goldstein）、莎朗·莎兹伯格（Sharon Salzberg）和塔拉·布莱克（Tara Brach）。此外，我们还可以了解加州大学洛杉矶分校正念意识研究中心的工作，或是乔·卡巴金的研究成果及其正念减压课程（Mindfulness-Based Stress Reduction，MBSR），其中，卡巴金的 MBSR 已得到实践的充分检验。另外，如果我们对冥想的神经学基础感兴趣，不妨看看里克·汉森（Rick Hanson）和丹·西格尔（Dan Siegel）的研究。有关正念冥想的理论和实践成果层出不穷，其中很多成果值得探索。

## 正念呼吸冥想

开始冥想的一种常见方法就是正念呼吸冥想（mindful breathing meditation）。很多人发现，只需定期进行正念呼吸冥想练习，就足以帮助我们在压力面前有效地恢复平静，当然也包括面对拒绝的情景。在心烦意乱时，我们当然更有可能想到正念呼吸练习，而且大多数情况会让我们如愿以偿，但是就摆脱烦扰、恢复平和的效果而言，这种临时抱佛脚的方法或许不及长期的持续性训练。而且面对可以忽略的压力时，这种应急性练习会让我们错过体验增强正念自我意识带来的好处。

如果决定开始冥想练习，我们可以在每天选择一个指定时间。作为初学者，我们可以选择每天静坐 2~3 分钟。随着练习时间的加长，可以适当增加练习时间，但一定要确保循序渐进，不要急功近利！与其雄心勃勃地短期发力但很快便半途而废，不如每天只做几分钟但却能长而久之。这就需要我们根据自身情况选择适合自己的练习时间。（把它当作待办事项清单中的下一项任务，或许只能适得其反。）随着我们逐渐接受并适应冥想练习，并因为练习带来的裨益而更有动力，那么，我们可以每天练习一到两次，每次时间延长到 15 分钟或 20 分钟。

## 学习正念呼吸

在开始正念呼吸冥想课程之前，有必要花点时间做好准备工作。

**准备工作**

**计时器：**在进行本练习的时候，我们可以使用任何形式的计时器，当然也包括手机计时器。但有些人可能喜欢冥想软件提供的冥想提示功能。

**地点：**尽管在任何地点进行正念呼吸都会让我们受益，但是在呼吸中进行冥想，确实需要一个不会受到干扰的安静场所。

**心态：**为此，我们需要全身心地专注于正念呼吸。不能有任何杂念，或是还惦记其他任务。把自己"全部融入"到体验当中，而不是去思考和判断这个体验。

**姿势：**可以全身心放松地坐在椅子上或地板上，双腿交叉。把手放在膝盖上，确保上肢坐直。如果你不习惯闭上眼睛，可以低头垂视，这样，我们就不会受到周围环境的干扰。另一种方法就是平躺在地板上，闭上眼睛。

## 呼吸冥想

我们只需自然而然地关注呼吸（而不是刻意地放慢呼吸或是在呼吸中思考其他事情）。请注意与呼吸相关的身体感觉，比如说，从鼻孔进入身体的空气以及胸部和腹部的起伏。在注意到走神时，缓缓地矫正，甚至可以对自己说"你走神了"，然后，将注意力逐渐转移到呼吸上。

**在计时器响起后，把注意力重新转移到所在的房间。**一定要缓缓地完成这个转换过程，为自己留出重新定位所需要的时间。

在完成冥想练习时，充分体会我们以这种方式带来的收益。

在尝试进行正念呼吸时，如果始终不能摆脱顾虑或思绪的干扰，那么，我们不妨有意识地引导自己的思维。在呼吸时，我们可以在脑海中对自己说，"吸气""呼气"，也可以数自己的呼吸次数。经过一段时间练习之后，我们可能会发现不需要这种引导就可以让思维聚焦于呼吸的感觉上了。

## 步行冥想

一种有效的锻炼身体方法就是步行冥想（walking meditation）。这种常见的冥想练习有助于我们集中注意力，并通过强化联系感和形体意识而实现内心的平静。

这项练习的内容就是在行走过程中充分感受自己的体验。出于这个原因，最好选择安静场所和不受打扰的时间段，确保在练习中保持全神贯注。我们按自己的意愿和舒适度选择行走时间，但随着对练习适应性的提高，我们可以循序渐进地增加时间长度。在开始练习时，最好不要确定最终目的地，因为目的地可能会带来不必要的压力。因此，可以选择一个能往复走动的环形路径。我个人喜欢走迷宫。此外，我们也可以在家里或没有人注意自己的地方尝试这项练习。

在开始练习之前，缓缓地做几次深呼吸，然后开始步行。慢走的效果往往更好，只要能保持正念意识，任何速度都无所谓。在步行过程中，感受压力从脚后跟转移到脚趾的感觉，体验脚底的感触。在向前迈出每一步时，注意体重从一条腿转换到另一条腿的感觉。

徜徉在步行途中，我们可以感受自己的思想，体会它们，然后轻轻地让思绪回归躯体。可以预见，这样的过程需要反复多次。在《人生中必要的失去》（*The Wise Heart*）一书中，著名的冥想培训师杰克·康菲尔德清晰阐述了冥想的基本要旨：“就像训练小狗一样，你需要反反复复地重复上千次。”

随着感受越来越丰富，我们还可以启动其他感觉，关注周边环境的景象、声音和气味，对所有体验敞开心扉。但是在我们的思维高度活跃，开始反思自己或是进入完全不同的情境时，提醒自己，不要分心；然后，缓缓地引导意识皈依我们的身体感觉。

## 以正念方式认识感觉

除针对特定感觉进行的正念意识练习——如呼吸冥想和步行冥想练习，通过皈依身体感觉而让意识自由流动，我们还会有新的收获。感觉传递的信息往往可以让我们对自己有更多的了解。但只有接受并解读这些感觉，这些沟通对我们才是有意义的。因此，了解并关注我们的身体体验至关重要——在意识到胸闷和呼吸困难是因为担心被琳达拒绝而导致的结果时，查德的做法足以说明问题。

和关注身体同样重要的是，我们还需要把这种意识置于特定的环境中，尤其是当我们和很多人一样，因焦虑或其他身体感觉信号而感到痛苦时。关注我们对这些感觉做出的反应，并考虑我们的反应与当下环境是否相符，抑或是反应过度。比如说，如果我们在健身房锻炼时感到瞬间的头晕目眩，此时，我们可能会想到，或许这是由于我们在当天晚些时候即将进行的演讲，而不会想到自己的健康状况出了问题。如果我们经常对某些感觉意识做出情绪化反应，那么，我们不妨重点关注本书第七章"心智化"中的"对我们当前处境的评价"小节。此外，这一章还从总体上深入探讨如何引导我们对不同意识领域做出反应。

## 与感觉重连

在害怕被拒绝或是感觉可能会遭到拒绝时，我们可以找个安静的地方坐下来。当然，这项练习到底要持续多长时间完全由我们自己决定，但还是应保证至少在 10 分钟内不会受到打扰。

**选择关注自己的身体。**我们会发现，从脚底缓缓地扫描到头顶，会让我们体会到意外的收获。在这个过程中，我们可以在任何意识到感觉存在的部位停下来。记下这种感觉，然后继续扫描我们的身体。你可能会关注到胃部略有不适，胸部有压迫感，喉咙有肿胀感，或是眼里有泪水。

**让注意力集中到其中的某种感觉上。**关注这种感觉，不要试图去改变它。当注意力停留在这种感觉时，我们可能会发现，它本身就在变化。这很正常。我们只需继续关注。如果因为注意力麻木而难以识别这种感觉，没有关系，只需坚持。在注意力分散时，我们可以提醒自己，回到自己的身体。可以想象，我们需要反复进行这项练习。

这项练习的核心就是练习跟踪和调整自己的感觉。如果我们强迫自己阅读这本书，那么，以正念方式认识这些感觉可能会非常困难。因此，在阅读过程中的不同节点，不断重复这些练习或许会让我们受益无穷（在随后章节中的各个部分，我们也会反复提出这个建议）。

每天进行与感觉建立联系的练习，尤其有助于我们与身体进行沟通，学会"倾听"它传递给我们的信息。随着这方面能力的提高，我们就会注意到某种情绪的提升。此时，阅读第五章"情绪"中"情感关联的重要性"小节。然后，我们即可尝试该部分的其他练习。

## 利用创意艺术发掘我们的原始体验

不管我们是否意识到，感觉能体现出我们在内心自我层面的经历，这当然也包括我们对拒绝的抗拒。由于这种关联性难以表述为语言，因而难以诉诸思维。但我们发现，利用创意艺术，可以帮助我们发掘这个内在自我，并把它形象化。通过这个过程，我们会找到打开宝箱似的感觉，在内心世界的最深处发现我们最有价值的个人写照。比如说，艺术家可能会觉得他需要用一幅充斥各种符号的画作去描述自己内心的混乱。即便是创作过程本身就足以让人们在内心中感到舒缓和宁静。而释放这种创造性能量的感觉会让我们在意识思维中体会到一种以往只能模糊存在的感受，甚至是从未意识到的具体体验。当然，对不同的人来说，创作过程的难易程度自然也有所不同。

如果我们熟练掌握某种艺术形式，或是对某种艺术形式感兴趣，那么，我们就可以尝试把它作为增进自我认识的手段。比如说，我们可以选择对视觉艺术进行研究，包括素描、油画、雕刻、动画、摄影或视频制作。或许，我们也对表演艺术感兴趣，比如舞蹈、音乐、喜剧或哑剧等。无论我们的兴趣点何在，有一点最为重要：你研究这门艺术表现形式的目的是为了进行自我探索，对自己有更多的认识。这意味着，你不仅要掌握这门技术的基本技巧，还要关注如何通过它去描述自己的内在特征。

虽然创意艺术可以帮助我们连接最原始的体验与最真实的自我，但以艺术创作手法进行深层次的自我表达，肯定会让某些人觉得难以企及。尤其是在以理想状态进行自我描绘时，对照这个完美无瑕的自画像，我们很难与现实中的真正自我联系起来。因此，我们关注的应该是创作过程本身，而非对创作结果的判断。通过这种形象化的自我表达方式，我们会更充分地理解和品味这个轻松、愉快的经历。即使这段经历不乏痛苦，但是在表达这种痛苦的过程中，我们也会以一种更易于接受、更富有同情心和关爱心的方式，坦然接受它的存在。作为一个畏惧拒绝的人来说，分享自己的作品或许并不容易。但如果我们的尝试对象恰好支持自己，他们完全理解和同情自己的体验，那么，我们就更有可能体会到被拥护、被认可的感觉，而且不再感到孤单。从理论上说，这种关系（或依恋）更安全，让我们不再害怕被忽略、被蔑视或是被抛弃。

## 为自己创作一幅拼贴画

尽管创作这幅拼贴画的方法无对错之分，但这项练习的唯一目的就是鼓励我们倾听不能以语言表达的那个内在自我。它鼓励我们用身体"说话"。这样，我们就可以关注此时此刻的内心感受，以及由此带来的每一个具体想法或洞见。基于此，在开始练习之前，我们需要认真阅读这些指南。

**收集练习所需要的材料。**准备好胶水、剪刀和一本可以随意剪裁的杂志。选择一个用来粘贴照片的纸板或海报板——大小随意。

**为自己准备一个工作空间。**这项练习需要足够大的工作台面和舒适的座位。

**做好心理准备。**在开始练习之前，我们可能需要做几次深呼吸，让我们的身心回归当下。

**剪裁图片。**翻阅杂志，剪下任何能吸引我们注意力的图片。如果发现自己在任何时点陷入某个想法而分心，那么，请把注意力重新转回至这本杂志上。你此时的唯一想法就是对"恰好出现在眼前的"图片感兴趣，而不是寻找自己心仪的对象。

除图片之外，出现在眼前的也可能是特定的文字、色彩或设计。只要是吸引你眼球的对象，就可以把它剪下来。这个对象到底为何物完全不重要。只要我们觉得图片中的片段能唤起某种想法或感受，就可以有意识地去感悟它们。（甚至可以简单写一点随笔，以便日后形成正式笔记。）

**将裁剪下来的图片贴在纸板或海报板上。**可以一边剪裁一边粘贴，也可以把裁剪的图片全部罗列在眼前，编排之后统一粘贴。总之，和选择需要剪裁的对象一样，在粘贴裁剪图片时，同样可以完全按照自己的意愿。

**坐下来，直起腰，欣赏自己的作品。** 此时此刻，我们只需品味自己创作的艺术品。不要有任何批评和挑剔自己的冲动。

完工之后，把拼贴画放在我们最容易看到的位置。有的时候，我们在创作过程中可能还没有什么新的想法和意识，但是，在我们随后慢慢品味这张拼贴画时，某种洞见或许会在无声无息之间潜入我们的思维。

## 自我批评如何体现于感觉

受到拒绝的人往往会陷入自责而无法自拔。他们会同时扮演批评者与受害者的角色。因此，从这两个角度展开思考并关注我们的身体感觉，不仅可以给我们带来更深刻的自我意识，也会丰富我们对自己的认识。这样，我们自然会以更友善的方式回应自己，或是感受到要有所作为的动力。

### 利用感觉探究我们的自我批评

在意识到我们正在自责时，不妨找个安静的地方坐下来，准备一支笔、一个日记本或是一叠纸。确保在至少 20 分钟内不会受到打扰。

**在纸上画出两列。** 分别把它们命名为"批评者"和"受害者"。

**缓慢地做几次深呼吸，让自己踏踏实实地立足于当下。** 这会有助于我们全神贯注地投入练习当中。

**关注自我批评，找出那个正在说"你在批评自己"的刺耳声音**。在批评自己的时候，让这个声音把自己看作另一个人：它批评的是"你"，不是"我"。

**把注意力转移到身体上，关注身体中出现的任何感觉**。此时，闭上双眼会让我们有更大的收获。在找到由此产生或加剧的感觉后，把它们列入"批评者"一栏中。

我们很容易会因为愤怒的想法而失去理智，因此，如果出现这种情况，不要感到意外。此时，只需提醒自己，把注意力重新转到自己的身体上——而且可能需要反复提醒自己做这件事。

**把注意力重新集中于这些身体感觉，关注与之相关的任何情绪**。把这些情绪列在"批评者"一栏中。

**现在，尽管我们仍须关注同样的自我批评，但我们的身份变成受害者**。也就是说，我们现在成为攻击的受害者。那么，这个受害者在说什么呢？

**再次把注意力转移到自己的身体上，注意我们此时此刻的感觉**。在识别出因受到攻击而产生或加剧的感觉后，将它们列在"受害者"一栏下。同样，只要注意力分散，就需要提醒自己重新关注身体。

**让注意力重新集中于这些身体感觉，关注与之相关的任何情绪**。把它们记录在"受害者"一栏下。

**中断练习**。缓慢地做几次深呼吸，甚至可以暂时离开几分钟。

　　回顾自己写下的东西，思考做这项练习后的体会。我们可能会发现，从自我及其总体影响这两个视角出发，对批评者与受害者之间的关系进行描述，会给我们带来新的启发。

　　为探究如何利用感觉解读我们的自我批评，不妨看看查德在这项练习中的反应。

　　关注自我批评，找出那个正在说"你在批评自己"的刺耳声音：你这个喜欢吹毛求疵的自己。查德意识到，他对自己过于苛刻，他甚至常常会在心里这样责怪自己：你真是个白痴，居然忘记了今天和琳达的会面。现在，她肯定在恨你。

　　在完成练习的几个后续步骤之后，查德根据自己的感觉和情绪填写了图表中的"批评者"一栏。现在，他开始关注这些自我批评，只不过这一次的身份是受害者。查德意识到，在某种程度上，他受到了这种自我批评的迫害。这种声音说道：你是对的。我是个白痴。现在，琳达也知道了，她肯定会抛弃我。

　　至此，他已完成了"受害者"一栏的内容（见表3–1）。

表3–1　查德对批评者与受害者的描述

| 批评者 | 受害者 |
| --- | --- |
| 胸口憋闷<br>咬紧牙关<br>怒火中烧<br>愤怒、沮丧 | 恶心<br>泪流满面<br>害怕、羞愧、悲伤、失败感 |

中断练习之后，查德还需要考虑很多事情。他意识到，人倾向于自我否定的假设会导致他们对自己刻薄挑剔，并最终难以自拔。

最后一个练习的直接目的就是帮助我们利用身体意识深入探究我们内心中批评者与受害者的声音和体验。请注意同样的自我批评是如何引发和加剧列表所对应的不同感觉和情绪的。查德认为自己无能的想法在批评者列表中与咬紧牙关和愤怒相对应，而在受害者列表中则体现为泪流满面和悲伤。以这种方式扩展意识的目标，就是帮助我们不再局限于体验本身，而是通过体验去探究内心深处的自我意识。

如果我们能与自己的感觉实现对接，但却无法对情绪做出界定，那么，我们可能会暂停练习，转而培养情绪意识，这也是本书第五章"情绪"所讨论的话题。最终，我们还可以按第五章的"界定情绪"小节，识别和定义我们在这个练习中展现出的情绪。（如果读者选择在阅读第五章后再完成这项练习，那么，建议现在就在这一章粘贴一张便签，以便于提醒自己。）

在学会思考感觉以及掌握 STEAM 的其他各领域之后，我们就有可能质疑对拒绝做出的反应。强化自我意识将为我们提供更多的空间去考虑其他问题，思考我们对这些问题的感受。所有这一切会引导我们以更积极的方式认识自我，改变我们对他人看待自己的预期，并最终改变我们的人生轨迹。

# 第四章

## 思　想

我太失败了！我真是个失败者！在被公司冷落后，这些话一直回响在珍妮的脑海中，让她有一种强烈的谴责感。她对朋友贝丝感叹道，"我在那家公司原本会有非常好的未来。但我的上司总是给我找茬。这让我寸步难行。"于是，她们开始讨论珍妮的复杂心情，以及她对自己的感受，并最终追溯到珍妮进入这家公司很久之前的经历。

当贝丝委婉地提醒这位上司也曾表扬过珍妮的时候，珍妮咬着嘴唇，心情低沉地说起这些事："我知道，他有时也会说我的好话，但那种感觉显然没有批评我的时候那么真实。"贝丝用夹杂着沮丧和同情的语气说："你必须清楚，他并没有直接冷落你。他只是说，这份工作不太合适你，而且还推荐你担任另一个职位。"珍妮慢慢地点了点头，泪水在不经意之间顺着脸颊流下来，"是的，我明白。而且我可以肯定的是，他确实认为我在另一个岗位上会更称职。我也不得不承认，我在这个岗位上始终没有做出让他满意的表现……我从来没有想过能做好这份工作，这也让我在这个位置上更艰难。我真希望能好好休息一段时间。"

如果我们也属于对拒绝高度敏感的人，那么，我们的思维会很大程度上存在着类似珍妮的问题。此时，即便是在原本善意情境下进行的沟通，我们也可能解读出负面反应，或是把特定情境下的部分拒绝（比如说，朋友不喜欢我们最近购买的沙发）解读为对自己的全面拒绝。此外，我们也可能会因自身缺陷而对自己百般挑剔，另一方面，我们会不遗余力地取悦于我们觉得比自己更优秀的人。当然，我们也可能对自认为过分的挑剔吹毛求疵。实际上，只要关注是否存在这样的想法，即可识别这些模式的存在。

和珍妮一样，反思这些问题会让我们重新认识对自己或他人持有的消极看法。强化对自己想法的自我意识，主要目标不在于彻底理清情绪化思维，或是开始为自己呐喊助威。相反，它只是让我们敞开心扉，接受这样一种可能性：负面看法并不能准确、全面反映我们所认为的现实。在很多情况下，即使我们知道对方的批评并不准确，我们仍会把批评放在心上——尽管我们在当时觉得无所谓。此时，我们不妨告诉自己，"我知道，事实并非如此，这只是我的感觉而已"。这会让我们更好地理解这些批评。

通过练习，我们可以更全面地认识到，到底是什么在影响我们的想法、我们对这些想法的信赖程度以及它们会如何影响我们。最终，随着在 STEAM 各个领域（感觉、思想、情绪、行动和心智化）中的自我意识不断提高，我们会更深刻地理解这些意识如何相辅相成、相互影响。

## 认识我们的情绪化思维

虽然思想和情绪的区分是显而易见的，但这种差异又让人难以捉摸。人们经常会将这两个词混为一谈，比如说，在我们回答问题之后，如果对方陷入沉思，我们就会觉得自己的回答可能是不正确的。这既有可能表明，我们觉得自己的答案不正确，也可能是我们对自己的回答没有把握。这种混淆导致我们难以深入探究自己的观点或情绪。

需要澄清的是，观点只是一种想法或意见，比如说，我相信，我的答案是错误的。而情绪则是我们在身体上感受到的唤醒，以及我们在唤醒中获得的理解。比如说，在错误回答老师的问题后，我们会心跳加速、身体紧张，此时，我们可能会感到恐惧或尴尬，或者两者兼而有之。

导致问题更复杂的是，思想和情绪之间往往相互重叠。有些情绪的定义在一定程度上依赖于我们思考问题的方式。例如，当珍妮意识到消极想法给自己带来的伤害时，她会感到后悔。在这种情况下，悔恨情绪包含了珍妮认为正在进行自我伤害的想法。如果没有这种想法，她可能只会感到难过。

因为思想和情绪经常会交织在一起，因此，本章经常会提及与拒绝相关的情绪会如何影响我们的思想。此外，本章的主要内容之一，就是为我们提供重新认识情绪化思维的方法，学习如何识别情绪造成的影响。在下一章里，我们将对情绪展开更深入的学习。

## 与共性问题建立联系

对拒绝高度敏感的人经常会分享他们如何看待自己及他人的共同话题。本练习有助于我们分析这些话题。利用日记本（或一张纸）和铅笔，我们即可开始练习。

如下列示了我们在生活中经常体验到的部分共同想法和观点，请在每页顶部分别写下一个。请注意，选择的项目不要超过三个。

- 我一直担心人们是否会喜欢我。
- 我一直担心人们是否会不再喜欢我，是否会悄无声息地离开我的生活。
- 我相信，如果其他人了解到"真实的我"，他们肯定不会喜欢我，或是不希望和我在一起。
- 如果我拒绝某个人，他们也会拒绝我，或是不希望让我出现在他们的生活中。

- 他人对我的亲近感肯定不及我对他们的亲近感。

- 我必须满足他人的期望，只有这样，他们才会接受我的价值。

- 我不如其他人好，或是不及其他人那样值得被尊重。

- 只有做到完美无瑕（或者至少要接近完美），我才会认为自己是一个有价值或是有能力的人。

- 我认为，我在根本上是个失败者、无能者或是一个没有价值的人。

- 即使别人认可我的成就，我依旧觉得自己配不上这样的认可。

- 如果我需要求助他人，就说明我还不够好。

在每一页上，根据最顶部记录的观点，写下自己经历的情景示例。在回想这些情景时，可以把它们置于同一个场景中；也可以在随后的几天时间里，根据身边发生的事情随时记录。

思考并记录我们记下的内容。我们的想法是如何影响自己的？我们的自我评价是否准确反映了自己的经历？抑或它们似乎只是自己的情绪化反应？

如果难以把自己的想法和情绪区分开来，你可以有意识地提出质疑。在完成下一章对情绪的探讨之后，再重新回到这个练习。（甚至可以在下一章的结尾处提前贴一张便签，提醒自己回头做这个练习。）届时，我们可能还会发现，阅读第七章"心智化"中的"我是否对拒绝过度敏感"一节，会让我们有更多的体会。从现在开始，我们随时可以转到这个部分。

## 重新考虑我们"知道"的事情

正如我们在上个练习中所看到的那样，在陷入真实拒绝或担心拒绝造成的情绪化反应时，我们可能很难，甚至无法进行清晰的思考。因此，我们需要学会在恢复冷静后思考自己的想法。只有在这样的环境中，我们才能理性思考与负面事件相关的想法和信念。不应仅仅因为这种感觉很真实便轻易接受，相反，我们应该去思考甚至对它们发出质疑——到底是真实的拒绝，抑或只是我们感受到的拒绝。我们或许希望用文字进行记录，或是与自己信赖的人去谈论。在花费时间重新考虑自己的想法后，我们可能会发现，我们针对拒绝的想法并不客观，甚至带有偏见——我们"知道"的事情其实并非事实。我们对拒绝的厌恶情绪不仅会影响到对自己的看法，还会影响到我们对他人的看法或假设。出于这个原因，我们必须思考拒绝敏感问题如何在这两种情况下影响我们的想法。

### 探究我们的思想

在这个练习中，我们将使用表 4 - 1 组织针对特定情境的拒绝想法，从而对这些想法进行理性分析。这项练习强调的想法不仅针对我们自己，还有我们自认为会拒绝（或是担心会拒绝）我们的人。在练习中，我们只需用到日记本（或一张纸）和一支笔。将如下列示的表复制到我们的日记中。确保用整页纸进行这项练习，这样，我们会有足够的空间填写。

表4-1  用一句话归纳让你因拒绝而感到纠结的情境

| 关注对象 | 当时的想法 | 事后的反思 | 感受 |
| --- | --- | --- | --- |
| 自己 |  |  |  |
| 他人 |  |  |  |
| 情境 |  |  |  |

**为情境命名。**在这页纸的最上面，用一句话解释我们需要反思的情境。

**填写"当时的想法"一栏。**在相应的栏中回答如下问题："你当时对自己、他人和情境的想法是什么？"

**填写"事后的反思"一栏。**在相应的栏中回答如下问题："客观地说，你的想法到底有多准确呢？"（请记住，即使不准确，你仍有可能相信这些观点。人的信念往往依赖于他们的情感体验，而非理性思考。）

为了评估自身想法的准确性，我们不妨考虑以下问题：

● 哪些证据支持这些想法或信念？

● 这些想法或信念有时是否并不真实？（个例不能代表绝对正确。）

- 至于对自己或他人的任何严苛判断，我们是否可以用更友好的方式去理解，充分考虑其他所有人的体验或"事实"？
- 是否可以用更有助于鼓励移情心理或同情心的方式去看待这些情境？

经常纠结于对自己过度苛刻的人会发现，看看好朋友如何看待自己，或是如何看待与自己处境相同的其他人，会让他们深受启发。

**填写"感受"栏**。在相应的栏中回答如下问题："我现在感觉如何？"考虑一下，我们的想法到底是对自己、他人以及情境的理性评价，抑或只是自身主观感受的表达。如果我们觉得很难回答这个问题，尽可按自己的理解去填写，甚至可以暂时留空。待阅读第五章"情绪"之后，回到这个话题再行回答。

完成这项练习可以帮助我们更好地了解自己的反应。在不同情境下练习有助于强化和巩固这种能力。最终，我们还可能会发现，形成这些观点并不困难，也不需要太多的时间，它会让我们保持冷静，以更健康的方式去看待不被尊重、不被支持甚至是被遗弃的感觉。

为进一步阐明如何探究我们的想法，不妨看看罗宾是如何考虑自己的困境，并完成上述练习的。

罗宾发现，在一次经历中她不仅感到被拒绝，还遭到了口头攻击。当时，她在红灯亮起时开车向右转进入加油站。在把车停在加油岛旁边时，一名妇女冲上前，对着罗宾开始大喊大叫，称在红灯处右转是违法的。

在创建属于自己的表 7 - 1 后，她首先按说明填写了相应栏。以下是罗宾对练习中每个问题的观点。

**当时的想法：**在"自己"这一栏中，罗宾写道，"我觉得犯这种错误只能说明我是个糟糕的司机。"在"他人"一栏中，罗宾认为，她觉得这位女士是个疯子，甚至想到，如果警察把她带走，自己肯定会更开心。此外，罗宾还写道，自己的上司没有让她按时下班，导致自己在一路上匆匆忙忙，以至于在开车时分心，这是造成违章转弯的重要原因。在"情境"一栏中，罗宾写道，"如果塞车不是这样严重的话，也不会发生这种情况。"

**事后的反思：**在"自己"这一栏中，罗宾写道，"我从未出过交通违章这种事情，也没有因此而收到过任何罚单，因此，我绝对不可能是这么糟糕的司机。"在"他人"一栏中，罗宾指出，自己对这个女士的反应是不客观的，上司显然也不是这次违章事件的罪魁祸首。尽管罗宾不明白这位女士为何如此出口伤人，但她看得出来，对方确实心情不佳。或许她只是因为与此毫不相干的另一件事而心烦意乱，于是，她把自己当成了发泄怒火的对象。罗宾或许就是这样与感觉建立联系的。尽管罗宾绝对不接受这位女士的做法，但这个想法还是让罗宾觉得好奇，到底是什么导致这位女士喋喋不休。最后，在"情境"一栏中，她指出，交通堵塞确实让她感受到压力，并导致出错的概率大增。

**感受：** 在反思对自己的感受时，罗宾写道，"我对此感到自己的无能、无助和对自己愤怒。"在"他人"一栏中，她提到，那位女士的愤怒让她觉得害怕，而且她把自己当作白痴的做法让她害怕和愤怒。罗宾还因为上司耽误自己的时间而对上司心存不满。在写这句话的时候，罗宾意识到，她经常会担心自己做错事，让其他人排斥和鄙视她。于是，在真的遭遇失败时，她就会对自己怒不可遏。在思考自己在"情境"一栏中写下的感受时，罗宾承认，交通堵塞让她感到沮丧，这也加剧了她对自己、那位女士和上司的负面情绪。

## 我们的看法因环境而异

在对拒绝高度敏感的情况下，我们就有可能以负面视角看待自己和他人。只要密切关注，我们就会注意到，这些想法会因环境的不同而有所差异。比如说，在和简待在一起时，我们可能会产生更积极的自我意识，因为简始终觉得你是个"美丽的天使"。此外，我们还会发现，尽管简始终是你最值得信赖的依恋对象，能在你难过的时候给予理解和及时的安慰，但是在和全家人共处时，你担心简也会以某种方式成为批评者（和其他家庭成员一样）。反思这些差异，可以让我们更清楚地认识到以积极的态度对待自己和他人的时刻，让我们更有可能让这些看法留在自己的脑海中。在觉得自己缺少价值或是认为其他人不希望我们出现在他们生活中的时候，这种思维有助于我们牢记那些积极的方面。

## 记录我们的所想与所处

要识别和强调我们以这种积极方式认识自己和他人的时刻，不妨在日记中对自己的所有想法进行整理。列示出我们生活的主要领域，甚至可以对这些主要方面进行细分。比如说，我们可以这样写：

**独处时刻：**

- 黎明前的瑜伽
- 午餐时间独自在附近散步

**与如下人员的私人关系：**

- 朋友：曼迪、乔恩和克里斯
- 家庭：妈妈、哥哥丹尼斯、鲍勃叔叔、温迪阿姨
- 丈夫
- 孩子们

**在工作中：**

- 与上司的关系
- 担任负责人的职责
- 与同事的关系
- 在从事文书工作方面的技能

- 撰写工作报告方面的技巧

**爱好：**

- 绘画

**针对每个领域，记下我们对自己和他人的看法，当然也包括存在矛盾甚至是冲突的想法。**比如说，在考虑自己时，我们可能会这样写，我经常觉得人们不喜欢我，但我也相信，我的好朋友都会喜欢并支持我。在和他们共处的时候，我从不会质疑自己。或者，在想到某一位朋友的时候，我们可以指出，她始终是我的后盾，但我也经常担心她迟早会忘掉我。

**检查填写的全部内容。**这会有助于我们澄清对自己或他人持有积极想法但我们却没有意识到的领域。此外，它还可以帮助我们关注其他主题——比如，尽管我们能以积极的态度看待自己从事任何类型技能活动的能力，但却质疑自己在处理人际关系方面的能力（反之亦然）。

如果陷入"知道"自己永远会遭到拒绝的极度悲观思维中，那么，理解这些逻辑可以引导我们学会改变视角看待问题，而且也只有这样，才能为思维奠定理性前提。

这项练习还可以帮助我们澄清认识，让我们学会以积极的态度看待自己或他人，并在易于引发与拒绝相关的想法和感受的情况下，引导我们以更友好的方式做出回应。要学会以这种乐观的态度面对困境，可以阅读本书第九章"培养富有同情心的自我意识"以及第十章"在关系中实现自我恢复"中的练习。

## 我们的自我批评是否已经疯狂

如果我们对自己总是抱有一种缺陷感或是不完美感，那么，我们或许就会发现，这种自我批评已自成体系，不仅不受我们控制，甚至令我们作茧自缚。它会引发我们产生注定被拒绝的宿命感，对下一次互动必定遭遇拒绝的"未卜先知"。它的强大声音足以让我们的理智甘拜下风，并最终扭曲我们对自己的真实认识。按照认知行为疗法的说法，很多"功能性失调"思维（dysfunctional thinking）或"错误"的思维模式都会带来此类问题。

如下是与自我批评和拒绝敏感相关的一些常见观点。考虑一下，我们的思维是否也存在这些模式。如果我们感觉自己经常出现某一个或若干类似问题，那么，可以用一周左右的时间进行自我监督。在每一天，简单记录我们的观点，并详细描述与之对应的实际情境。我们会发现，这些观点会以不同方式引导我们进行自我批评，并对自己贴上负面标签。这样做的目的就是学会合理识别我们的功能性失调思维。这本身或许就是挑战。在练习中检验这种思维，可以促使我们去质疑并最终放弃这种自我否定的想法。此外，如下建议还会告诉我们，在确定了功能性失调思维问题之后，我们应采取怎样的对策。

可能会伤及我们自身及人际关系的常见功能性失调思维包括：

**以偏概全**（overgeneralization）：在遭遇一次负面经历之后，我们便认为以后在类似情况下会遭遇更多的负面经历。这种思维类型的特征就是将事物过度地绝对化，体现为"永远""从不""所有""绝对没有""每个人"和"没有任何人"之类的绝对性词语。

**相关示例**：唐纳德在无意中听到一位同事说，他觉得自己的演说没有任何内涵，于是，他便确信所有人都认为这次演说毫无价值。

**选择性关注**（mental filter）：只关注针对自己的负面事件，它们的唯一价值就是为我们认为自己不称职、不完美甚至一文不值的感觉提供佐证。此外，我们往往不会注意或承认信息中对自己有利的一面。即便是我们确实关注积极的体验或反馈时，也往往会最大限度地打压积极的一面，转而关注消极的方面。

**相关示例**：即便是在工作中获得提升之后，苏珊唯一能想到的就是自己还缺乏新职位所需要的能力，而且自己之所以能得到这个晋升机会，可能只是因为上司没有时间寻找比自己更称职的候选人。

**情绪推理**（emotional reasoning）：我们的思维完全受制于针

对自己的负面情绪。这导致我们无法通过正常的观察、分析或推理对自己做出更积极的自我评价。

**相关示例：** 大卫对自己的感觉非常消极，以至于他根本就不相信珍妮对自己和他们之间关系的正面评价。珍妮昨天很晚才赶来聚餐，于是，大卫马上怀疑她和其他人在一起。尽管珍妮解释说，她是因为一个重要项目而不得不加班，但这丝毫没有缓解大卫的顾虑。

**个性化**（personalization）：我们认为应该对不是因我们犯错而造成的问题负责。

**相关示例：** 每当男朋友生气顶撞自己时，吉尔都会近乎疯狂地想弄清楚自己到底做错了什么。尽管吉尔也知道，对方不应该这样对待自己，而且他和前女友也有过这样的经历，但吉尔还是试图让自己相信——这一定是她造成的。

**理想化**（shoulds）：我们总希望自己始终能达到原本就不可能达到的标准；但是在做不到时，我们就会责备自己。

**相关示例：** 安迪认为自己不仅要在功课上取得好成绩，而且还告诉自己一定要（或是应该）拿到 A。只要成绩低于 A，他就会觉得自己不够聪明。

**灾难化思维**（catastrophizing）：你所认为的不可承受或是灾难性的问题，其实本没有那么严重。

**相关示例：** 格伦在杂货店当店员的第一周，老板对他的勤奋和品行大加赞赏。但是在第二周的一天，格伦因为交通堵塞而迟到，格伦坚信，老板一定会认为他是个糟糕的员工，而且会因此而冷落甚至开除他。此外，他还想象自己会因为找不到下一份工作而流离失所。

如果发现自己存在上述功能性失调思维中的任何一种，那就需要当心了。此时，我们可以记录下这种思维是如何加剧自我批评、拒绝敏感或是其他各种问题的，比如人际关系的恶化等。通过练习，这些问题会变得显而易见。有的时候，功能性失调思维可能会让我们的感觉没那么真实，这就需要我们根据周边证据去考虑其他思维方式。

此外，你可以培养对自己的共情和同情思维，以加强我们对负面自我形象的控制。在第八章"创建自我接纳意识"和第九章"培养富有同情心的自我意识"中，可以看到针对这些问题的建议。

## 揭示我们的内心冲突

在感到遭到拒绝时，尽管我们会纠结于自己的不足，但还是会做出本能性的防御反应。最终得到的可能是相互矛盾、冲突、混沌不清的情绪化想法。不妨考虑这样的情境：在没有提前打招呼的情况下，你为一位朋友召开了一个惊喜派对，在聚会期间，这位朋友始终满脸阴沉。此时，你一方面可能对朋友的不善解人意感到愤怒；而另一方面则感受到对方深深的拒绝，你会开始脑恨自己为何没有事先察觉对方不想参加这样的聚会。在这种内心冲突足够强烈的时候，人们往往会因为自己的矛盾反应而不知所措、困惑不解。

我就见过很多这样的患者，刚进来的时候，他们还因为对夫妻关系不满而怨气冲天，但没过多久，他们便开始说，和伴侣的关系"还凑合"或者"不错"。经过反复探讨之后，我们经常会发现，他们当然"希望"与伴侣保持"良好"的关系，而且欣赏伴侣的很多品质，但对伴侣的某些言行却爱恨交加。他们很难解决这种内心的冲突，他们担心的是，一旦在内心中澄清了这些问题，只会导致双方冷面相对，随后遭到伴侣的拒绝，或者除了结束婚姻之外别无选择。于是，我告诫他们，仅仅理解并不意味着必须采取某种具体行动。我要做的就是帮助他们更清晰地看待自己和他人，从而确定如何理性面对这种关系。

在出现内心冲突时，我们可以通过主动调节，去刻意关注这些冲突。此外，我们还可以关注在看待他人时存在的偏见，有意识地去思考他们的真实情况。如果能更清晰地看待这些不同观点，我们就可以权衡每个观点的影响，并最终对整个情境做出更全面的理性判断。切记，以不同视角看待事物并不意味着我们需要以不同方式去做任何事情。尽管我们可以选择自己的行为方式，但是，只要对情境有了更清晰的认识，我们往往就会希望有所改变。

## 描绘我们的想法、情绪和反应

在感到内心的矛盾时，我们可以放松情绪化思维，并对事件进行理性反思。在这项练习中，查看我们在表 4 - 1 中填写的想法和情绪，即可帮助我们做到这一点。将表 4 - 1 复制到自己的日记中。一定要使用整页纸，以便有足够空间填写我们自己的内容。

在表 4 - 2 中填写自己的想法、情绪和反应：

表 4 - 2　描绘自己的想法、情绪和反应

| 冲突情境： | | |
| --- | --- | --- |
| 想法 | 情绪 | 反应 |
| | | |
| | | |
| | | |

在表 4 - 2 的顶部写明让我们感到矛盾或困惑的情境。具体可以是特定事件，也可以是概括性的问题，比如说我们对伴侣的冲突性观点和感受。

**逐列填写**。把我们在每一种情境下产生的所有冲突性想法写下来。在思考每个想法时，写下与这个想法相关的情绪和反应（填入相应的列）。

**核对填写完毕的表**。在澄清了最基本的冲突后，我们即可认真思考每个不同观点，并考虑如何解决与之相关的所有问题。

我们或许可以解决其中的某些冲突，但总会有一些问题继续存在。在这种情况下，我们需要集思广益，充分考虑更多有助于解决冲突的方法，或是寻找办法学会与之共处，或者可能的话，甚至可以让自己远离这种情境。

如果不确定自己的情绪，可以暂时跳过"情绪"这一列。这些空白区域可以帮助我们识别困难点所在。因此，我们可以把每个空白区域视为一个红绿灯，随时提醒我们："请注意这里。"

如果你感到情绪麻木或是无法意识到自己的情绪，可以回到第三章"感觉"中的练习，帮助我们与情绪建立关联。但如果我们已经感觉到自己的情绪，只是难以识别或是难以面对这种情绪，可以暂时跳过这个练习，阅读第五章"情绪"后再做这项练习。在这两种情况下，我们都可以在完成其他任务后，使用便签提醒自己后续继续完成该练习。

为澄清如何通过表4-3的描述理解自己的冲突，我们不妨以赛琳娜为例：她的小儿子刚上大学。现在，每天待在家里的时候，赛琳娜不得不独自面对让她既爱又烦的丈夫迈克。当赛琳娜在表4-3中填写"想法"一列时，她提醒自己：虽然迈克不是非常喜欢冒险的人，但只要有她的安排，他还是愿意去尝试新的体验。因此，虽然赛琳娜更希望迈克能主动一些，但她还是发现，自己更喜欢去筹划活动，对她而言，这会让她的婚姻更幸福；而且她希望对迈克来说也如此。

表4-3 赛琳娜所描绘的自己的想法、情绪和反应

**冲突情境：与丈夫的婚姻生活让我感到厌烦**

| 想法 | 情绪 | 反应 |
|---|---|---|
| 丈夫是个好男人，也是个好丈夫 | 幸福、有爱心 | 希望一起继续生活<br>有时会害怕他离开我，婚姻走到终点 |
| 丈夫很无聊，只知道无所事事 | 无聊、不快乐、沮丧 | 希望结束这场婚姻，走自己的路<br>想告诉丈夫这个决定，但又害怕以后会后悔（在记忆中，迈克是个好人）；担心他不希望和我生活在一起，而且会拒绝我 |

反思：虽然迈克不是个非常喜欢冒险的人，但只要我安排的话，他还是愿意去尝试新活动。我更希望他能主动去尝试，但我觉得，自己还有能力为我们规划更多的活动。而且我还认为，我们都会因此而更快乐

## 回首人生之初

按照第一章介绍的依恋理论，幼儿时期的经历为我们与自己及他人（尤其是依恋对象）之间的关系奠定了基础。如果这些经历导致我们以负面观点看待自己，或是认为他人不支持自己，那么，我们就有可能对拒绝高度敏感。

和很多人一样，在回首童年的时候，可能会让人们感到不舒服，甚至害怕。他们害怕这种回忆会验证自己一文不值的个人价值，或是迫使他们记住某些生死攸关的可怕事件——以前，他们并没有把这些事件与眼下的痛苦状态联系起来，甚至已经彻底忘

掉。但事实是，他们真正学到的东西根本就没有这么戏剧化，而且往往会复杂得多。

在思考对拒绝敏感问题的潜在根源时，我们可以在 STEAM 的每个领域获得自我意识，这有助于我们深入理解这些问题。这种探索让我们以更友好、更温和、更富有同情心的方式认识自己，而不是因为这些问题而谴责和拒绝自己。一旦确立这样的视角，就可以缓解我们对拒绝的敏感强度。这样，我们就能更清晰地思考当前情境，确定情绪反应源自我们过去经历过的东西，而不是源于当下正在发生的事情。这样，我们就可以随心所欲地探究如何在当下生活中与值得信赖的人进行交往，并享受这一过程。

利用以下练习有助于我们更好地理解拒绝敏感的潜在根源。但如果我们认为自己在心理上无法承受这个练习，随时可以暂停。完成第五章"情绪"的部分练习，可以帮助我们学会容忍和控制情绪。

## 回顾过去，连接当下

试着回忆我们针对以下事项（或其他类似事物）的最初想法和情绪：孤独、被拒绝、不被关注、不被重视、不合格、被遗弃、有缺陷以及是个输家或失败者。利用这些记忆完成这个练习，并在日记上（或其他地方）记下自己的想法。

**请回答如下问题：**

- 这些记忆是否涉及某些具体的人？他们是谁？

- 如果这些记忆发生在你的家庭之外，你是否记得你对父母或其他家庭成员有过类似感觉？如果是这样，进一步反思这些记忆以及经历如何影响自己。

- 某些人对我们的反应是否更有可能让我们的自我感觉更糟糕？他们是谁？

- 我们关注的话题是什么（例如，我们感到孤独，我们受到批评，我们的兄弟姐妹受到表扬）？

**在完成上述问题后，请在回答下一组问题的时候重新回顾这些问题：**

- 在个人价值方面（内在自我意象），这些事件带给我们哪些体会？

- 在其他人给予我们情感支持的可能性方面（内在他人意象），这些事件带给我们哪些体会？

- 针对内在自我意象及内在他人意象与目前拒绝敏感之间的关系，我们是如何认为的？

**通过反思过去获得的洞见，回头关注现在。**重温最近发生的一件事——在这个事件中，我们觉得自己对遭到拒绝或是被拒绝的可能性尤为敏感。如果我们的反应与这件事的关联不大，那么，这种反应是否与自己刚刚回想的某个童年记忆相符？（把这些事件记录在日记中。)

在回答这些问题时，我们可能会发现，在考虑它们所引发的回忆时，很多貌似不合理的反应实则非常有道理。

克里斯汀的治疗经历就是体现这些洞察力及练习价值的完美例子。27岁的克里斯汀因为长期自卑和忧郁而接受治疗。她解释说，"我有朋友，但我总是害怕，他们会对我评头论足。而且我始终觉得，他们对我的关心不及我对他们的关心。"另一方面，就在治疗过程中，克里斯汀开始和一个似乎喜欢她，但对她的需求同样不冷不热的男士约会。在所有这些关系中，她往往都会表现得非常随和，而且并不过分强调自己的想法和感受。即使是在确认自己的想法时，她也对每个分歧的信号谨小慎微，即便出现异议，她也会很快站到对方立场上。

在治疗进程转到家庭互动这个话题时，我给克里斯汀布置了一项练习。在讨论自己的回答时，她解释说："我在小时候就是个非常情绪化的孩子，父母也不知道该如何解决这个问题，因为他们往往倾向于从理性角度认识问题，而不太注重感受。"她发现，父母对情绪的表达，最终基本都会归结于"坏"，甚至是让她无法接受的"幼稚"。

克里斯汀谈到，在她成长的过程中，每次在向父母表达自己的想法时，她都会体会到一种受挫感——这倒不稀奇，因为她也很少与父母谈论自己的事情。这个练习让她意识到，这种过度冷静和感觉"自己没那么重要"的心理倾向已经深深地映射到自己在成人后的人际关系中，导致她陷入令自己不断失望的人际关系中不能自拔。后期治疗鼓励她更多地了解自己，培养富有同情心的自我意识（借助于本书提供的练习）。她开始学会把这个自我体现在言行当中。在最后一次心理咨询中，在回顾成长经历时，克里斯汀解释说："虽然我在这个过程中失去了一些友谊，但也发现了新的兴趣点和朋友。"幸运的是，克里斯汀最终遇到了一位尊重、呵护她的男士，并和他走入婚姻殿堂。

## 回顾童年：隐性的能量储备库

尽管童年时期经历的某些关系会让我们以消极批评的态度看待自己（并造成拒绝恐惧），但其他童年关系却有可能让我们树立对自己的积极认识（并带来一种价值感）。在这些积极或是健康的关系中，我们接触到的对方可能会成为自己的依恋对象，他们在童年时期始终支持自己，并将这种支持延续到我们的一生。此外，即便是进入成年时期，我们有时也会与依恋对象建立关系，这些依恋对象给我们带来安慰，并通过这种关系让我们感受他们对自己的积极认识，并最终给我们带来健康向上的正能量。所有这些积极的关系都有可能成为内在能量的储备，我们可能正在利用这些储备，或是正在尝试去发掘这些储备。

**要强化我们对这种关系的认识，首先需要明确这些关系**。为此，回答以下问题可以帮助我们做到这一点。（此外，我们也可以在日记中记录这些记忆和感受。）

- 你在孩提时代感到不安或挣扎时，会向谁寻求安慰、支持或鼓励？

- 在一般情况下，你和谁在一起，就会获得良好的感觉，而且会以积极的态度看待自己？

- 在你的成年生活中，有哪些人会让你觉得和他们的相识相处是一种幸运，哪怕只有短暂的交集？因为他们会让你感到安慰、支持或鼓励。

**针对我们认为有价值的人际关系，请回答以下问题：**

- 按照他们给予的关爱性反应，你认为他们会如何看待自己，是否还会依旧如故地给予你关爱？

- 你在当时对这些人的想法和感觉是怎样的？如果他们依旧活跃在你的生活半径中（并继续给予你支持），那么，你现在对这些人的想法和感觉是怎样的？

- 过去和他们在一起的时候，你对自己的看法和感觉如何？如果他们依旧活跃在你的生活半径中（并继续给予你支持），那么，现在你和他们在一起的时候，你对自己会有怎样的看法和感觉？

- 你们过去曾经共同参与的某些活动，在今天做的时候，是否依旧会让你感觉很好（或者假设放在今天做这些事情，你会有怎样的感觉）？

有的时候，人们会陷入自己的问题中不能自拔，以至于会对原本应更美好的生活情境失去了自我意识。因此，为平衡我们的关注对象，不妨利用这些问题，引导我们把注意力转向更积极、更健康的人际关系上。此外，如果认为内在他人意象在情感上对我们不可及，那么，这项练习也可以帮助我们从过去或当前的关系出发，重新考虑我们的判断是否准确。

总而言之，强化对个人思想的自我意识，并不意味着我们会变成毫无感情的圣人。相反，它的目标是让我们相信：我们对自己的负面认识或许并不是我们信以为真的现实。即使我们了解自己，依旧有可能会陷入自我挑剔的陷阱中不能自拔。但是经过这些练习，我们可以更全面地认识到，哪些要素正在影响我们的思想，我们对这些思想的接受程度以及它们对生活造成的影响。此外，随着在感觉、情绪、行动和心智化（STEAM 的其他四个要素）方面形成自我意识，我们就能更好地认识到，这些要素是如何相互作用的，并最终形成更全面、更丰富的自我认识。

# 第五章

# 情 绪

　　距离高中毕业还有一个月的时间。查德在每次聚会中似乎都显得轻松惬意，对每个人都报以微笑，和朋友们击掌庆贺。但警笛声始终在他的脑海里响起。不要自欺欺人！因此，他开始谨小慎微地有所保留，提醒自己不要过多地暴露。相反，他开始对所有人保持微笑，对朋友们所说的一切，他几乎都会点头称是。在每个周末，查德几乎都在重复这样的痛苦。无论是作为棒球队的天才投手，还是在课堂上的优秀学生，或是其他同学似乎都喜欢的对象，这一切并不重要。"在某个时候，他们会发现：我是个假货！"这是他在心里经常对自己说的话。

　　直到他上大学，在听到朋友布雷特焦躁不安地谈及自己的恐惧，查德才恍然大悟。他和我的感觉居然完全一样！就在那一瞬间，查德觉得自己不再孤单。他意识到，布雷特的担心完全是多余的，这也让查德突然意识到，自己的恐惧同样如此。之后，虽然依旧有点担心那些家伙对自己的看法，但他已开始对这种源自恐惧的顾虑有所质疑。随着时间的推移，他甚至已经能平息自己的焦虑，能在聚会中轻松自如，充分享受与朋友相处的快乐。即便如此，直到已经二十多岁的时候，查德才开始有意识地培养自我意识，并学会坦然面对异性朋友和权威人士的评判。

情绪是我们人类内心世界中不可或缺的一部分。虽然我们可以享受超级强烈的积极情绪，但痛苦或难过的情绪就完全是另一回事了。按照神经学理论，在极端情绪爆发时，我们大脑中被称为杏仁核的部位处于非常活跃的状态。在无须深入探究大脑生理结构的情况下，我们可以这样理解：当杏仁核变得更加活跃时，我们的前额叶皮层——人类大脑中负责理性思考的部分，则会进入相对静止状态。在这种情况下，我们或许不会进行某些所谓的理性解释——比如说，我们不应因为被冷落或是被忽视而感到难过，因为这无助于我们更有效地应对现实处境。

人类形形色色、丰富多彩的体验的核心就是情绪，因此，我们需要接受各种各样的情绪——无论是痛苦的还是愉快的。对安全型依恋风格的人来说，他们可以接受自己的全部情绪，并以更开放的心态面对生活中的诸多经历与可能性。他们追求爱情，充满激情地追逐梦想。即便在不顺利的时候，他们也会淡然接受被拒绝或失败的痛苦，并让这些感受随风而去。正如他们在言行中所展示的那样，他们以开放的胸怀面对这些感受和经历所带来的所有启发和教训。这些人善于思考和探索这个世界所赋予的一切事物，以韧性和超然的态度面对生活中各种各样的艰辛与苦难。

尽管如此，每个人以健康的方式体验和应对情绪波动的能力依旧与他们所处的具体环境、关系或人生中的不同阶段有莫大关系。

在被未婚夫抛弃后，即便是韧性十足的特蕾莎也感到了深深的伤害和愤怒。这次情绪的爆发非常强烈，使特蕾莎陷入了自我封闭状态。这让她无法从拒绝的阴影中找到建设性方法。但是在经过一段时间后，她便利用 STEAM 疗法平息了自己的情绪化反应，而且逐渐开始以更开放的思维把这些感受视为其他人的"唯一人性化"反应。这让她体会到更多的自我同情——以移情心理对待自己的痛苦，并逐渐摆脱这种痛苦。这让特蕾莎不再因为这次分手而感到悲伤，并最终让她开启了一段新的情侣关系。

对存在拒绝敏感问题的人来说，他们可能会在各种情况下遇到麻烦，或是在某个方面遇到困难，比如工作、社交或爱情生活。这种情况显然是不利的。

因此，本章的重点就是帮助我们提高对情绪的接受意识以及识别情绪的能力（当然也包括痛苦情绪），与情绪建立更健康的关联。我们容忍和接受（而非试图抑制或避免）情绪的能力越强，就越有能力以自我同情的方式与它们建立关联，帮助自己走出拒绝的阴影——或者至少让我们学会主动培养自我同情心。我们将在随后章节讨论这个话题。

对那些长期受制于拒绝问题的人来说，他们应对拒绝的能力已支离破碎。无论得到什么样的反馈，他们都会担心遭到拒绝，并时刻会保持警惕。此外，他们还会体验到其他很多类型的强烈情绪。比如说，他们往往对自己采取极端的自我批评态度，这只会让他们为以前的经历增加另一个拒绝来源。

在意识的任何一个领域，以好奇心对待情绪都会让我们受益。我们越想更多地了解情绪，我们就会更多地认识情绪及其在我们生活中扮演的角色。这种好奇心还可以帮助我们通过本章练习取得更多收获，为我们识别和界定自己的情绪提供指南。除了帮助我们更好地理解情绪体验之外，好奇心还为我们提供了一条以更开放的心态面对和接受情感体验的途径。总而言之，我们会发现，我们不再受制于拒绝感带来的煎熬。

尽管如此，这个过程依旧需要我们在情感上承受压力。因此，本章提供的部分练习可以帮助我们检测自己的痛苦程度，并把这种痛苦感限制在可容忍的范围内。我们可以选择暂时不再关注情绪，将注意力转移到 STEAM 的其他领域。在不同领域之间移动注意力，有助于我们随着时间的推移对所有这些领域展开更深入的探索。（记得在此处贴一张便签，以便我们随时返回本章进行练习。）

此外，我们还须记住，思想和情绪在某些时候会出现重叠，而且几乎始终是相互影响的。为更新对这种关系的理解，我们可以重新温习上一章的"认识我们的情绪化思维"一节。而下一个部分"客栈"的目的则是引导我们初步了解如何以健康的方式与情绪创建关联。

客栈

以下是 13 世纪波斯诗人贾拉鲁丁·鲁米（Jalaluddin Rumi）的一首诗。读一读这首诗，想想诗人描述的意境。考虑一下，以这种方式解读我们的情绪会是一种怎样的感觉。（我们甚至可以想象，在安静的早晨或晚上，蜷缩着身子，一边闲情逸致地品茶或是小酌葡萄酒，一边细细品味诗的意境。）在这个过程中随时准备对任何阻力进行反思。

客栈

每个人好比一座客栈，

每天早晨都会有新的旅客造访。

有愉悦的、有悲伤的、也有卑劣刻薄的，

形形色色。

每个瞬间的觉知，如意外到访的旅客，

欢迎它们，热情招待它们！

尽管它们满怀忧伤，

尽管它们疯狂地洗劫你的房子，

拿走家具中的所有东西，

但是，请和善地对待每一位客人。

因为它们可能为你开启一片崭新的天空，

洗涤你的心灵，

以容纳新的欢愉。

即使阴暗、羞辱和恶毒光临，

你也应该在门口笑脸相迎，

欢迎它们进入你的内心。

对任何访客都要心存感恩，

因为它们中的每一位

都是上天派来的向导。

如果我们在本能上拒绝这首诗，或是主动"邀请"所有情绪进入大脑，那么，请务必抵御这种诱惑。我们应主动去认真思考这种观点。但对于拒绝、遗弃、伤害、羞耻和愤怒之类的情绪，我们确实难以做到这一点。如果我们在为抵制情绪的影响而自责，那么，不妨想象其他人以这种方式做出回应的情形。这样，我们就可以理解，这个人或许只是想保护自己免受痛苦情绪的影响。此时，我们或许很想给他们点安慰和鼓励。因此，我们不妨以这样的思维看待自己的处境。

无论处于何种境况，接受所有情绪，都有利于引导我们强化自我接纳。这样，我们就不至于对原本不足挂齿的拒绝反应过度，而且更有可能容忍任何拒绝。在面对拒绝时，反应强度的下降注定会提高我们的韧性。

## 与巨龙对峙

在很久之前的遥远王国，一个村庄的百姓因为一条巨龙而惶惶不可终日。这条巨龙似乎不可战胜——来自世界各地的勇敢骑士都曾希望杀死这只巨龙，但最终结局都是无一例外地英年早逝。一名骑士冲向巨龙，却被巨龙踩在脚下，被碾压得粉碎。另一位骑士刚刚意识到伫立在面前的大山其实就是巨龙，便被巨龙喷出的烈火化作灰烬。很多年过去了，很多的骑士前赴后继，他们使用各种各样的武器与这只巨龙较量——破城槌、战斧和弓弩。但是在巨龙面前，这一切都无济于事。

有一天，就当整个村子几乎已彻底绝望的时候，来了一个陌生人，他向村民问起那条巨龙的事情。不同于之前众位年轻勇敢的骑士，这个陌生人是位年长者，外表看上去显然是个浪迹天涯的游牧者，他步伐缓慢，笑容可掬。问清了有关巨龙的情况后，他又以面对村民的这种超然信心，去面对这只巨龙。村民们发现，他居然没有随身携带任何武器，甚至身上连一把剑都没有。当他以缓慢、沉稳而坚定的步伐走向巨龙时，巨龙好奇地注视着他。

游牧者不断走近巨龙，在可以触摸到巨龙的鼻子的时候，巨龙张开了它的血盆大口，让陌生人走进自己的大嘴。而陌生人也坦然地接受邀请，步伐稳健地走了进去，一直走进龙的腹部，安安静静地坐下来。巨龙爆发出一阵愤怒的咆哮，又喷射出熊熊的火焰（这完全不能伤及坐在巨龙肚子里的人）。随后，巨龙消失在一阵烟雾中……而安静如初的陌生人依旧不为所动。

我们的情绪，尤其是与拒绝有关的情绪或许就是这只可怕的巨龙，它们貌似强大无比，足以把我们焚为灰烬。但事实上，它们的威力完全是因为我们的反应而被无穷放大的。一旦我们学会了平静地接受情绪，情绪的力量自然也会大打折扣。

我猜想，在阅读这个故事时，大家可能会有两个亟待回答的问题：面对情绪，我们的本性真的会让我们平静如初吗？如果是这样的话，是什么让情绪能为我所控？我们可以从回答第二个问题开始。尽管情绪是我们应对触发因素自然而然做出的反应，但它们毕竟是诸多因素共同作用的结果；只要我们能感觉到情绪，它们就会继续产生影响。情绪化反应可能会受到近期或以往经历的过度影响，也可能是对自己或他人错误假设造成的反应。

此外，未知感也会加剧恐惧感，从而进一步加剧我们的情绪化反应。因此，我们对自己以及我们的情绪化反应了解得越多，我们爆发情绪化反应的情况就越少，导致我们对个人体验的影响也就越大。

至于我们能否学会以相对冷静的态度面对情绪这个问题，答案是肯定的。当然，这需要一定程度的学习和练习，但我们确实可以凭借技巧和经验，以充分的好奇心去面对自身情绪，而不只是克制甚至试图规避情绪。

正如本章所述，我们可以利用很多方法探究自己的情绪，并更好地了解情绪。从第一次尝试开始，我们便发现最好的"工具"之一就是好奇心。它促使我们迫切想了解自己的情绪。在每次练习中，我们都会惊奇地发现，好奇心总会给我们带来新的收获。在探索心潮澎湃的内心世界时，这本身就会减少我们可能感受到的忧虑。

因为这个旅程可能略显紧张，因此，最重要的就是你要学会调整自己的节奏，不断测试你的极限，但切莫用力过猛，暴力突破自己的忍受极限。在下一个部分"设想一次安全的体验"中，我们将会看到，在感到伤害、羞愧、被忽视或是正常的心情不佳时，我们如何让自己平静下来。这样，我们就无须在难以承受的重负之下继续前进。然后，我们将通过一些练习学会体验和理解自己的情绪。随着我们对情绪的掌控更加得心应手，我们的自我接纳意识也会相应改善，从而让我们拥有更强大的自我同情心。

总之，我们会进一步认识自我以及我们的处境，并促使我们做出更健康的反应，比如说，减少对拒绝的过度敏感，并以更理性的态度和情绪面对拒绝。

## 设想一次安全的体验

走出拒绝阴影、恢复健康心态，要求我们在情感上感到足够安全，这样，我们才不会不惜一切代价去阻止拒绝，或是在面对拒绝时以正常心态去认识它，而不是视而不见，避而不谈。这就为我们探视自己的内心世界开启了一扇大门。然后，通过更好地认识自己、更充分地置身于自身的体验，我们就可以学会更多地参与人际关系。尽管我们有可能遭到拒绝，但这不会让我们觉得难以接受。

这个过程的目的并不在于找到某个人带给我们的安全感，而是在我们自己的内心世界中找到安全感，尽管这往往需要他人的帮助和支持。能帮助我们找到安全感的一种方法就是想象一个能获得心灵平和与安慰的地方（这个情境既可以是真实的，也可以是虚幻的）。此外，关心生活中的其他人也给我们自己带来安全感。但之所以有这样的效果，是因为这种关爱已经融入我们的一言一行当中。因此，即便只是思考安慰和支持，也有助于我们在人际关系中获得安慰和支持。总而言之，在我们对自己和周围其他重要的人感到更安全的时候，我们就可以享受到更安全的依恋关系，摆脱长期受累于拒绝敏感的拖累。

在设定安全体验时，对情境的设置要以有益为原则，不做任何限制。很多人会选择自然环境，如树林或海滩；也可以选择自己现在的家庭或是童年时的家庭；甚至还可以选择外太空、海底深处或是完全想象中的天堂。如果我们选择与可以寻求安慰的依恋对象建立这种安全关系，那么，这个人可以是我们的爱人，我们尊崇的宗教人物、神话人物，甚至是宠物。但无论选择什么，目标是唯一的：让情景和支持者成为能给我们带来安慰的依恋对象。

在不受干扰的时间规划这种想象练习。尽可能调动我们的全部感官。想象身处安全地点或是与我们感到安全的人在一起时，我们甚至可以想象自己在这个情景中闻到了什么。想象得越真实，我们的体验就会变得越平静。

尝试在平静的时候想象这种体验，直到可以相对轻松地进行练习。然后，在被拒绝感（或其他任何不良情绪）所控制的时候，我们就可以选择进行这个练习。不过，我们不能把它当作避难所，而是当作让我们在困境中找到强大感的工具，让我们学会坦然面对拒绝。或者说，如果这太困难，我们可以利用这项策略暂时从情境中"退出"，帮助我们恢复平静。随后，我们可以随后再重新进行这项练习。

## 界定情绪

回忆本章开始时的神经学解释：情绪如何让进行理性思维的前额叶皮层丧失活力？即使大脑以这种方式对情绪做出反应，我们也未必能意识到这一点。尽管我们可能会觉得高度情绪化，但有可能会意识到自己的情绪——或是只能模模糊糊地感觉到这种情绪的存在。比如说，对一个似乎在刻意回避我们的同事，我们的恼火或许只是内心深处的愤怒火山（作为对回避的回应）即将爆发的迹象。这个典型示例表明，我们会无意识地去试图忽视被他人拒绝的感觉的重要性。但这种应对拒绝的方式往往会适得其反。

另一方面，我们也可能会敏锐地意识到对拒绝做出的反应。珍妮从小就认识到自己存在这个问题以及她身上极端的自我否定意识。当时，她的母亲对她也非常挑剔。在目前的生活中，她经常感到自己不受欢迎，从而引发强烈的情绪爆发。有时候，她会感到非常受伤或害怕，以至于感觉自己的情绪几近崩溃。既无法清晰冷静地思考，又不能平复心情，珍妮能做什么呢？

如果她能暂停杏仁核的功能——就像按下开关那样，那么，她肯定会感觉更平和，而且思维会更清晰。虽然我们的大脑不可能有这样的开关，但科学家确实发现了在某些情况下可以发挥这项功能的机制——或者至少像调光旋钮那样调节情绪。识别和界定情绪可以激活我们的前额叶皮层，这与杏仁核的活动减少有关。或者更简单地说，在我们给自己的情绪贴上标签时，往往会感到情绪化反应的削弱。重要的是，虽然我们承认自己的情绪，但不会被这些情绪所控制。

考虑到识别情绪是一种技能，因此，我们必须有意识地去提高这种能力。找个时间坐下来，与自己的情绪建立关联，然后为它命名。如果我们觉得难以理解或接受这种情绪，则可以选择只简单地观察它们，然后再为它们命名。

如果情绪并非特别强烈——比如说，我们因某人未回复自己的电话而开始感到担心，则可以从关注情绪启动练习开始，或许能收到更好的效果。随着情绪界定能力的提高，我们会发现，即使是在更沮丧的时候，我们也能很好地控制情绪。（如果我们只能在情绪足够强烈的情况下才能做出情绪界定，请阅读本章后续的"关注我们的情绪强度"部分，并完成其中的练习"评定情绪强度"。）

大多数人通常难以对自己的情绪进行准确界定，尤其是情绪强烈爆发的时候。要解决这个问题，一种方法就是使用"情绪列表"。有些人发现，保留这张表格并随时对照对自己很有帮助。这样，在他们感到困惑或是情绪失控时，可以随时对照自己的情况。如果我们因为身体难以和情绪建立关联而无法界定情绪，那么，请尝试完成第三章"与感觉重连"部分中的练习。

如果身体能与情绪建立关联并对情绪做出界定，那么，下一步就是花点时间，理解和适应这种情绪。要了解更多相关信息，请参阅下一部分以及相关练习。

## 情感关联的重要性

每当珍妮的拒绝敏感问题被触发时，她都会不遗余力地去关心他人，千方百计地寻求他人对自己的好评，以期缓解对拒绝的恐惧，从而达到避免情绪爆发的目的。但是在练习接受和忍受情绪之后，她开始对情绪拥有了更强的忍受力，这让她有机会去应对这些情绪（降低情绪的强度），摆脱情绪的约束，轻装上阵，继续前进。

要敞开心扉面对自己的情绪，首先就要选择去关注它们。如果我们不清楚自己的感受到底是什么，甚至不知道自己到底有无感受，那么，从建立身体与情绪的关联开始进行练习，或许会让我们受益匪浅。为此，请完成或重温第三章"与感觉重连"部分中的练习，随后再回到本练习。

## 呵护我们的情绪

在学会与自己的情绪建立关联之后，我们即可按本练习引导自己学会与情绪共处。尽管本练习没有规定时限，但还是建议至少留出10分钟完全不被打扰的时间。（此外，你也可以增加你的练习时间。）

尝试着去体会、感受和认识自己的情绪。我们的情绪可能温和平静，因而几乎不为我们所关注——但无论如何，我们都要刻意地去关注它们。当然，这种情绪也可能非常强大。花点时间，尝试着去识别我们的每一种情绪，并真正地感受这些情绪。毫无疑问，这部分练习本身或许就很困难。

在我们感受到多种情绪时，可以从中挑选出一种尤为强烈或重要的情绪。例如，如果最近与朋友的分歧让你觉得心情不佳，那么，你或许会非常害怕这位朋友不会再理睬自己。但我们可以选择关注情绪中相对较弱的烦躁感。

无论你选择什么情绪，都要尝试去关注它，而不要试图去改变它。在忍受这种情绪的过程中，我们会发现，情绪本身会自然而然地发生变化。这很正常。对朋友的轻微气恼会演变成怨气，而后又升级为愤怒。随后，我们可能会害怕自己的愤怒——具体地说，可能会对拒绝感到恐惧，而且这种恐惧似乎挥之不去。通过这种方式，可以使情绪得到发泄。这会提高我们的自我意识，甚至可以为我们提供很有启发的洞见。因此，只需持续关注我们的情绪，直到我们觉得眼下的任务已经完成。

当发现我们因忍受情绪而分心时，记得提醒自己：把注意力重新集中到我们的情绪上。这个过程可能需要反复若干次。此外，很多人还发现，把注意力重新转移回身体，然后，再关注在身体感觉中产生的某种特定情绪，也会让他们受益匪浅。

识别和感受自己的情绪是一个过程，而且其本身也是这项练习的目的。所以，不要试图囫囵吞枣地草率完成，一定多投入一点耐心。我们可能会发现，即使完成练习，我们仍会有很多困惑。这很正常。毕竟，这是一个需要反复进行的练习，而且情绪的显露是需要时间的。

## 关注我们的情绪强度

在密切关注情绪体验的过程中，随着每一种情绪在强度上的增加或减少，我们可以学会区分它们会发生怎样的变化。这种意识的强化也是我们更好地了解自己的一个重要前提，并最终改变我们的情绪，或是让我们能更好地管理情绪。因此，我们不妨看看下面这个故事。

在查德和琳达开始约会后不久，查德就不断地出现恐惧情绪：她是否会离开我？在查德充满激情地爱着琳达时，即便是琳达最不经意的举动（比如在他们说话时稍有心不在焉），都有可能让查德陷入被拒绝的情感深渊。不知何故，无论是积极还是消极的情绪，似乎都会让查德彻底丧失抵抗力。但是，随着查德学会进一步关注情绪发出的微弱信号，并提高这种情绪的强度时，这种情况发生了变化。他学会用代表"快乐"和"害怕"程度的数字来衡量自己的情绪强度，如图 5 - 1 所示。

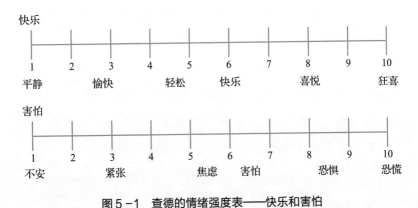

图 5 - 1　查德的情绪强度表——快乐和害怕

可以想象，他更喜欢练习"快乐"量表，并评估这种感觉的强度。他很清楚，只要和琳达在一起，他就会感到心情舒畅（在"快乐"量表中评分为 1）。

随着关注度的增加，查德有的时候会开心地微笑（对应评分为6），有时会快乐地吹起口哨（评分为8），甚至会因为开心而喜笑颜开（评分为10）。他注意到，这样做可以让他更充分地理解，甚至是拓展这些感受。但查德也发现，随着自己在"害怕"量表上的评分不断增加，这种感觉反而会有所下降。

在练习关注"害怕"的过程中，查德逐渐学会了给害怕强度评分，并意识到自己最初只是感到不舒服，这个水平的感受相当于"害怕"量表中的1。然后，他的情绪逐渐演化为烦躁和焦虑（5）。随着情绪强度的提高，他感到有点浑身颤抖和畏惧（评分为6），随后，他开始感觉浑身冒汗，而且感觉到心脏跳动的速度和强度都在提高，此时，查德开始担心琳达会离开自己（对应的评分为8或9）。除了对情绪进行评分之外，他还学会了以不同方式对情绪做出反应。此时，他不再被动感受害怕带来的压力，而是练习以好奇心对待体验到的任何强度的情绪。最初，他只是有意识地去体验这种感觉，并学会接受和忍受。通常，仅此一项练习就可以减轻害怕的强度。

但是在害怕尚未减轻或还没有足够缓解时，他对这种感觉持好奇心。是什么让自己产生这种感觉呢？到底是对琳达言行所做出的回应，还是自以为琳达可能要做的事情？他真的有理由认为琳达会离开自己吗？（他开始学会让自己摆脱关注带来的烦恼，因为这往往会增加他的恐惧感和痛苦感。）此外，在关注对拒绝的恐惧感强度时，查德体会到，无论恐惧感变得多么强烈，它终究会随着时间的推移而消失。由此，他意识到，这种拒绝情绪有自己的"生命周期"。所以，在对被拒绝的恐惧变得非常强烈以至于难以承受时，他会这样提醒自己，"一切都会随风而去"。

## 对情绪强度的评分

为加强对情绪强度的认识，本练习将指导我们学习创建和使用情绪强度等级。在练习中，我们可以选择恐惧、愤怒或是其他情绪。与查德的办法类似，我们可以创建若干标尺，也可以从其中的某一个开始。复制下面的比例尺。指定一个词描述不同情绪强度对应的感受。尽管无须为每个级别命名，但至少应为其中的几个做出界定。

利用这个量表，可以识别出情绪强度对我们的思维构成损害的情景。在关注情绪等级提高的过程中，我们会发现，在情绪等级达到某个临界点时，我们的理性思考能力开始出现障碍。（即使是快乐感觉也会发生这种情况，比如说，在热恋情绪升级时，恋爱中的人会对伴侣撒谎的信号视而不见。）圈出最能代表这个临界强度水平的数字。

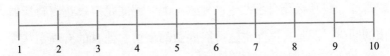

创建情绪量表可以提高我们的情绪意识，我们也可以把该量表用作他处——比如说，在日常生活中，练习有意识地提高情绪强度。

经常练习以数字反映情绪水平的办法，特别是针对那些我们无法清晰思考的情绪。在情绪强度接近并最终超过我们圈定的这个临界数字后，我们会发现，承受并管理情绪或是理性思考会变得越来越难。练习情绪评分的次数越多，我们就越有能力更好地承受和调节情绪。因此，我们遭遇情绪失控的可能性也会越来越小。

即使我们的情绪评估能力大有长进，但仍有可能被情绪控制。在接近圈定的临界值时，我们可以尝试使用本章前述的练习"呵护我们的情绪"。如果因为情绪过于激烈而导致我们无法去"呵护"它，那么，我们就可能需要使用第二章"学习自我安慰"部分提供的部分建议。此外，第三章中的某些练习也可能对我们有所帮助，如"呼吸冥想"和"步行冥想"部分。只要感觉到情绪不再无法承受，我们就可以重新去关注它。

## 描绘我们的情绪之旅

某些情景会导致我们瞬间产生强烈的拒绝敏感和焦虑感，就像面对老虎时，我们立刻会万分恐慌。但如果我们得知这只老虎实际上站在厚厚的防护玻璃后面，我们马上又会恢复镇静。同样，对情绪拥有更多的自我意识，也会帮助我们冷静认识情绪，进而形成更强的冷静感。在这种情况下，尽管我们仍会对生活中的某些事件做出反应，但可能会遭受更少的痛苦，而且更有可能体会到愉快感。对此，情绪研究的先驱保罗·艾克曼博士创建了一张情绪图，并定义了人类的五种基本情绪：愤怒、厌恶、恐惧、快乐及悲伤。

为了更好地理解这个基本情绪模型，不妨考虑图 5 - 2 中代表五种基本情绪的每个图框，对拒绝敏感者而言，这些都是他们有可能体会到的情绪。按照艾克曼对情绪时间线的调整，这些图框显示出感觉、情绪化想法以及情感如何影响我们的行为反应。

在这里，我所说的想法仅仅指代"情绪化想法"，用以表示受情绪严重影响的思维方式。使用该模型，我们可以更好地理解拒绝敏感问题是如何呈现的，它带给我们怎样的影响。基于生活经验以及我们自身的拒绝敏感问题，哪怕朋友或伴侣只是提出建议——比如希望我们降低声音来改善相互之间的沟通，也可能会让我们担心这是一种拒绝。如图 5 - 2 中的"恐惧"图框所示，我们的恐惧可能会伴随着心跳加快、出汗和恶心等感觉。当然，我们也可能会萌生出对方会批评自己的情绪化想法，认为自己在某种程度上不配获得尊重或是被人爱，甚至会（在肉体或情感上）遭到抛弃。在那一刻，我们可能会在行为上做出与这种观念高度匹配的反应，随后，又通过频繁的短信或电话去寻求认定。

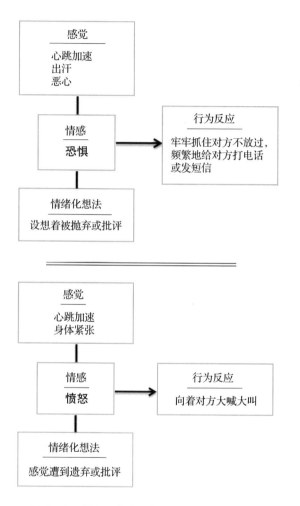

**图 5-2 保罗·艾克曼归纳的五种基本情绪图**

（拒绝敏感者更有可能体验到这些情绪）

（以保罗·艾克曼博士的"情绪时间线"理论为基础）

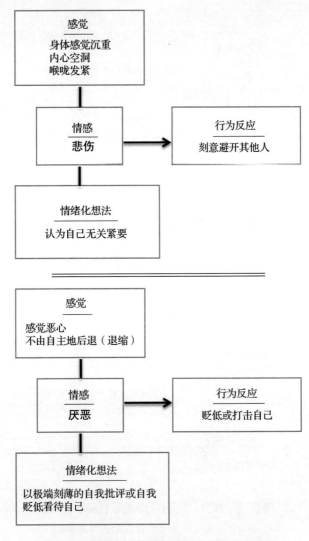

图5-3 保罗·艾克曼归纳的五种基本情绪图

（拒绝敏感者更有可能体验到这些情绪）（续1）

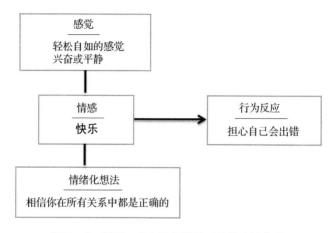

**图 5 - 4　保罗·艾克曼归纳的五种基本情绪图**

（拒绝敏感者更有可能体验到这些情绪）（续 2）

提高对情绪的自我意识有助于我们有意识地做出反应，而不只是被动地应对外部环境。尽管本章关注的是情绪，但学会主动干预 STEAM 的各个领域注定会让我们受益无穷。

### 跟踪我们的情绪过程

在查看了图 5 - 2—图 5 - 4 中的图框之后，不妨设想一种导致我们存在拒绝敏感问题的情景。然后，用日记本（或一张纸）和笔完成这个练习。将图 5 - 5 中所示的图框摘录到日记本的单独一页上。在"情绪"图框内填写一种具体情绪。面对拒绝敏感问题时，我们可能会感受到诸多不同的情绪，但是基于本练习的要求，我们只需选择一种具体情绪。

**填写"感觉"图框。**做一次深呼吸，关注自己身体出现的反应。闭上眼睛可能更有助于我们完成这个练习。此外，有些人还发现，从脚下到头顶缓慢扫描全身也有助于进行练习。不管怎么说，你可以采取任何适用于自己的事情，观察由此出现的任何感觉，然后，把它们填写在适当的图框里。

**填写"情绪化想法"图框。**思考自己选择的情境，并注意由此产生的想法。在相应图框中填写与拒绝相关的任何想法。

**填写"行为反应"图框。**回想自己选择的情境，观察我们作为回应而采取的做法，并将其填写在"行为反应"图框中。

**完成全部图框后，重新检查一遍。**更主动地去感知自己在这种情绪状态下展现出的所有情绪要素。这种意识本身就有助于我们在未来出现的情绪条件下做出不同反应。此外，针对刚刚考虑的情境或是其他情境下出现的其他情绪，重复进行这个过程会让我们有更多的收获。

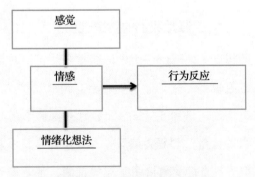

**图 5-5　跟踪我们的情绪过程**

如果我们认为自己的感觉、想法或（反复）行为会导致情绪恶化，那么，也可以先行阅读其他相关章节，学会如何解决这些问题。

## 每次处理一种情绪压力

被拒绝的感觉就像是一场引发情绪滑坡的爆炸。最终，我们可能会觉得胸口被一块巨石牢牢地压住，让我们坐卧不安，难以生活。但如果仔细观察，我们可能会发现，压在胸口的并不是一块巨石，而是一堆岩石。这个区别很重要。虽然我们可能无法移开巨石，但可以每次只举起一块岩石，把它移到一边，最终让我们摆脱这堆岩石的重压和束缚。这种方式同样适合于我们解决情绪问题。

很多强烈情绪的无差异组合会让人难以抗拒，浑然不知所措，让我们感到焦虑无处不在。太多的强烈情绪同时爆发，显然是任何人都无法承受的。面对这种复杂的体验，识别恐惧、伤害和悲伤等诸多情绪或许并不容易。出于这个原因，更可取的办法应该是识别构成这堆"岩石"的不同情绪，然后选择各个击破，每次处理其中的一种情绪。

尽管这项任务确实有点复杂，但我们完全可以每次只专注一个步骤。为此，我们需要返回本书前述的某些练习。通读本节，可以帮助我们了解完成任务所需要的练习。如果尚未完成这些练习，请马上着手一个一个地去完成练习（不要试图把它们放在一起，一并去掌握）。

## 开启卸载过程

在完成前述练习并为本练习做好准备之后，留出一段安静时间，并选择一个舒适的地方。我们需要足够的时间让自己安静下来，在舒适的椅子上，彻底放松，厘清、隔离这些纷杂的情绪，并将它们重新组合起来，然后，按自己的节奏继续练习。建议这个启动过程至少维持 20 分钟。

**关注我们的情绪**。如果我们无法立即把注意力集中到情绪上，那么，可以从第三章"感觉"中的"与感觉重连"练习开始。

**识别这些情绪**。并对我们感受到的情绪进行界定。（如果需要这方面的帮助，请查看本章前述的"界定情绪"部分。）

**关注其中的某一种情绪**。随着我们逐渐意识到搅动内心的情绪，选择其中的某一种情绪予以关注。不要试图去改变这种情绪，只需关注，然后努力地去认识它即可。

**完成"呵护我们的情绪"练习**。如果不记得本章前面的这项练习，在关注与呵护情绪之前，请复习该练习。

完成这项练习后，我们仍有可能感到高度情绪化。但我们需要更好地应对情绪，并有意识地采取措施，摆脱拒绝敏感的影响。

我们或许希望对其他情绪重复上述步骤，但本书并不推荐一次性完成所有步骤。毕竟，这需要时间，而且会让人情绪低落。更有可能的情况是，我们可以反复进行这项练习，识别和体验让我们感到压抑的"巨石堆"中的每一种重要情绪。但是在每次重复这项练习时，我们可能会发现，我们的体验会变得越来越清晰，我们感受到的压力会变得越来越微不足道。

## 确定情绪级别

要了解我们的内心情绪景观，绝对不是轻易即可做到的事情，毕竟，我们的情绪化反应不仅直接源自情境，而且也来自情绪和想法本身。情绪聚焦疗法按照情绪级别把情绪划分为原发情绪和继发情绪。

原发情绪（primary emotion）是指我们对某种情景做出的初级、原始反应。比如说，我们会感到快乐、难过、受伤、害怕、羞愧或是孤独。它们是最原始或"最真实"的自我表达方式。

继发情绪（secondary emotion）是我们对最初想法和情绪做出的反应，而不是对外部客观情境的直接反应。比如说，我们可能会因为感觉受到伤害而感到沮丧或埋怨自己（并以软弱来评价自己）。继发情绪会"阻止"我们与貌似更具威胁性或更痛苦的原发情绪建立关联，但这种自欺欺人终究是要付出代价的。比如说，我们会因朋友的轻蔑评价而觉得受到伤害（原发情绪），进而导致对自己感到沮丧或生气（继发情绪）。然后，这些愤怒和自责的想法会进一步升级。只要这种情绪继续存在，我们就不会有意识地体会到被拒绝的痛苦（原发情绪），甚至能希望刻意规避这种感觉——但这只会让我们继续以负面观点看待自己。

更有助于说明原发情绪的情景是，有些人会陷入适应不良的情绪而无法走出——比如，即便是最轻微的拒绝，甚至只是被拒绝的可能性，也会导致人们以强烈的恐惧、愤怒或悲伤作为回应。在意识到出现这种适应不良的模式时，不要试图强迫自己转向不同的感觉，也不要因为这种感觉而自责。相反，我们或许应该这样考虑：就像在观看电影中的某个角色时，我们总会不可避免地带有一定的情绪距离，这样我们就能发现我们的反应与真实情况是不成比例的。

为走出拒绝造成的情感泥潭，我们就必须意识到原发情绪和继发情绪的差异，这一点至关重要。因此，我们要学会了解和认识它们。经过一定的自我探索之后，我们或许会发现，随着我们对伤害（原发情绪）认识的深入，我们会以更大的耐心和韧性去反思愤怒（继发情绪）。这种观察是促成情绪发生转变的关键，因为它为我们回归原发情绪提供了一个通道。不断地观察，不断地体会，不断地实现自我完善。

毋庸置疑，我们的情绪根深蒂固，不仅与 STEAM 的其他领域交相辉映，密不可分，而且难以理解。但它们也为原本单调乏味的生活增添了丰富的色彩。因此，随着我们学会接受和忍受情绪——尤其是那些和被拒绝的感受与恐惧相关的情绪，而不是成为这些情绪的囚徒，我们就会感受到更大程度的自由。当接受内在的自我并敢于向重要的他人敞开心扉时，我们便开始学会享受生活。

# 第六章

## 行 动

珍妮按下红色"结束"键，对着电话大喊道，"真不错!"。珍妮喃喃自语道：如果吉娜确实是我的朋友，她肯定会道歉的。她试图重新撰写每天的待办事项，但始终放不下手机，以至于无法集中注意力。突然之间，她想到，自己才是拒绝吉娜的人，而不是吉娜拒绝了自己。吉娜并没有要求珍妮为自己挺身而出，并以此来贬低珍妮。那是因为吉娜关心、在乎自己。虽然吉娜伤害了她的感情，但她已经为此道歉。如果珍妮真的在倾听吉娜的心声，她早就应该听出吉娜言语中的担忧。如果这样的话，她感到的是关心，而不是受到攻击。在反复品味并停下笔片刻之后，珍妮深吸了一口气，拿起手机，拨通了吉娜的电话："对不起……"

行为表达了我们对拒绝的敏感性，而且会以我们意识到的方式使之成为习惯。对自身行为获得更全面的认识，让我们有机会通过这些行为以及 STEAM 的其他领域更好地理解自己。这样，我们才会承认并"拥有"自己的经历和行为。

这就是珍妮面对的情况，经过一番思考之后，她意识到，她挂断吉娜的电话完全是出于受情绪影响的想法，而不是现实。随着想法的变化，她开始以不同的感受对待双方关系，并最终再次主动联系吉娜。同样，我们也会发现，对自身认识的加深，会导致我们与自己及他人的关系发生变化。

在本章里，我们将通过观察任何既定对话中的语言和非语言交流，以及某些长期内不断重复的模式，以更好地了解自身行为。例如，我们的自卑感可能表现为弯腰弓背的站姿，也可能体现于经常贬低自己的言语。有的时候，这种行为模式会招致朋友或家人的批评——但这只会进一步加剧你对自己的消极看法。如果能有意识地认识这种模式，我们就可以随时停下来，用心去思考它们，从而更好地了解自己和他人。这样，我们就更有可能对自己产生更大的同理心，进而感受到更大的同情心。从这个新的富有同情心的自我意识视角出发，我们就会选择不同的行动方式。

此外，本章还鼓励我们进一步了解行为带来的影响。我们的洞见可以帮助我们选择有利于促进成长和康复的活动。本章解释了正念行为如何帮助我们接受当下，而不是因为恐惧和被拒绝的感觉而逃之夭夭。此外，在我们感到沮丧时，它还会告诉我们，应如何尽可能地理解来自关心你之人的安慰。学会接受这一点，可以帮助我们在感到沮丧时去寻求他人的帮助（把他们当作自己的依恋对象），以获取自己需要的安慰。此外，我们还可以利用第二章"学习自我安慰"部分提供的技能——譬如练习瑜伽或做手工，来作为本章介绍的各项技能的补充。

在感到被拒绝的时候，采取这些主动应对方式不仅有助于缓解痛苦，而且可以让我们更清晰地思考当下情景，并以更大韧性应对拒绝——归根到底，所有这些措施都有助于我们更稳妥地面对拒绝，减少拒绝敏感。

## 理解非语言沟通

与一个人进行全方位交流所带来的信息，远比仅依赖枯燥乏味的文字更有意义，而且更重要。这种全面沟通可以通过诸多动作传递信息，如面部表情、手势和行为等。非语言交流（及其含义）往往发生在我们的意识之外，因而或许更具影响力。在存在拒绝敏感问题的情况下，我们很可能会把他人的非语言暗示误读为强烈的拒绝，并把这种挣扎演化为习惯性模式。但是，在我们开始有意识地关注这些交流时，就可以学会对它们进行甄别，澄清它们所包含的真实信息，进而重新考虑我们的反应。

考虑到这一点，我们不妨看看以下类型的非语言交流。然后，观察这些沟通方式在日常生活中的示例，并考虑它们可能传递的信息是什么，以及哪些信息可能被我们误读。

**语调**：是指说话的模式和节奏，如音量、音高和节奏。此外，语调还包括通过语气所传递的情感信息，如柔和、快乐、兴奋、刺耳、斥责、讽刺或威胁。这些信号暗示着说话者的情绪状态，揭示他们的观点以及可能采取的下一步行动。按照我们对语调的理解，"是的，我爱你"之类的话语，既有可能代表安慰，也有可能代表长期拒绝敏感所引发的敷衍之词。

**姿势**：当人们以挺胸抬头的姿势站立时，他们的身体重心完全落在脚上，整个身体保持稳定。这种姿势往往表达的是自信。但是在身体僵硬、动作不流畅时，人就会显得非常焦虑。我们可能会注意到，在感到要被冷落或是被击败的时候，我们的身体往往会显得松软乏力，面貌则变得无精打采。有的时候，只要看到身边的人姿势优雅挺拔，我们可能会变得更敏感，因为相形见绌而觉得自己不够完美，甚至想象着自己正在接受对方的评判。

**身体位置**：如果约会对象和我们以很近的距离坐在一起或是站在一起，那么，对方就更有可能引发我们产生浪漫的思绪。反之，如果对方始终和我们保持相当远的距离，那么，这个距离可能表明，对方至少在当时还不希望与自己建立更亲密的关系。但是为了防止误解，在解释身体位置的含义时，我们还必须尽可能地挖掘事实。

在第一次约会时，琳达始终与查德保持一定的距离，这让查德马上陷入被拒绝的绝望情绪中。但这样的反应显然为时过早。正如他后来所看到的那样，琳达实际上喜欢自己，只是需要一点时间去适应。

**身体反应**：我们可以观察到很多非意识性的身体反应。在尴尬或是生气时，人往往会脸红。在害怕的时候，身体有时会颤抖。在感到焦虑或是担心被拒绝时，人们往往会感到呼吸不畅。

**手势**：人们在交流时往往会使用手势，而不是语言。比如说，如果有人向我们挥手，可能是在示意我们靠近。但是和口头交流一样，我们同样需要联系具体背景来理解手势。

**眼神交流**：在交谈时，保持眼神交流往往有助于强化沟通的效果。当人们感受到爱意时，始终保持目光接触会放大这种情感上的亲近度。但如果目光接触与愤怒或评判联系在一起，只会让这种感觉更具威胁性。相比之下，避免目光接触往往会增加双方之间的距离感，或是减少情绪的强度。人在说谎或出于其他原因（比如害怕受到对方的评判）而不愿意接受亲密感的时候，都可能会避免目光接触。

当进行非语言交流时，我们可能会对自己及他人获得更多的洞见。但也要警惕自己的偏见，也就是说，把其他感觉误读为拒绝，或是人为放大拒绝感的强度。因此，一定要结合其他信息认真研判我们对非语言信息的解释，譬如具体情境的背景以及互动双方的特征和秉性。

## 自我消耗

我们在处理日常生活中的必要事务时，常常像是一台永动机，但有时也会觉得，我们只是在应付不得不做的事情。尽管事实并非如此，但我们不得不承认，这肯定需要付出很多努力。我们甚至会因为不得不努力工作而觉得自己有问题。

我们付出的巨大努力反倒带来负面效应——无休无止的忙碌，似乎只能说明，我们永远对自己感到不满，或是自己已经山穷水尽或无所适从。但止步不前或许并不是一种选择。我们可能会担心，这只会让所有人看到不完美的自己……让我们不得不面对难以接受的宿命——其他人迟早会排斥、抛弃或拒绝自己。然而，按目前的速度继续消耗下去，又会让我们精疲力竭，而且是不可持续的。

如果接受本书的说法，我们就必须认识到这一点：生活完全不必如此。有些人尽力而为，照顾好自己，而且拥有积极的自我形象，尽管他们在某些方面做不到最好，或是没有达到自己或他人的期望。他们的成功不仅体现于自信的外表，即便其他人不喜欢他们、批评他们，甚至完全拒绝他们，他们也会以良好的感觉看待自己。

基于到这一点，不妨想想我们为取得优异表现而做出的努力，以及这些努力给自己带来的影响。

## 我们是否多此一举？

要确定我们是否工作过于用力，可以选择一种包含极端行为的情境进行测试，比如，每周定期工作 70 个小时，或是从不拒绝朋友的要求。然后，完成如下练习。

**制作一份有利事项和不利事项清单**。在这个清单中，有利事项的示例包括：喜欢一个好朋友，对工作中取得的进步感到兴奋。不利事项的示例包括：觉得没有时间和朋友在一起，或是没有时间做自己喜欢的事情。对那些依赖自我批评为动力的人来说，不利事项可能还包括持续的自我怀疑或是对任何成功都不感兴趣。

**思考我们制作的这份清单**。问问自己，"归根结底，这会让我感到快乐或满足吗？"如果承认，我们现在的投入完全是在为未来做出牺牲，那么，请考虑是否真的存在一个时刻——我们的行为给自己带来了成功感和满足感。如果我们意识到自己并不快乐，而且认为我们都会为了寻求认同而绞尽脑汁，那么，请厘清一个事实：自己的过度努力并没有奏效，即使在那一刻的成功，也只是表面现象。

**考虑一种替代方法，在其中我们可以承认自身需求及限制。**想象我们选择一种更平衡的生活方式。对失败和拒绝的恐惧是不可避免的。在这种情况下，我们应质疑由此招致的批评。比如说，质疑自己：我们是否真的会看不起一位生活更均衡的同事或朋友。

（如果我们认为自己不仅很忙，还是一个完美主义者，请阅读第七章中"完美并不常见，缺陷才是永恒"及其相关练习针对这个问题的详细讨论。）

如果能认识到对拒绝的恐惧如何让我们过度忙碌，但却无法改变这种境况，这很正常。请记住，这只是我们克服拒绝敏感问题迈出的一步。

我们可能会刻意关注因自我批评、害怕拒绝或是不快乐而采取的过度努力。考虑一下，对那些我们尊重但又没那么完美的人，我们会做出怎样的反应呢？此外，我们可能还会发现，随时将这些观察和想法写在日记中，会让我们受益匪浅。

## 抵制拒绝

珍妮总是因为害怕自己不够好而受到朋友的拒绝。于是，她经常给其他人发送短信或打电话，以此作为预防措施。此外，在日常生活中，珍妮也会不失时机、不遗余力地帮助每个人。正因为珍妮乐于助人，所以她也在不知不觉间，成为很多人生活中不可或缺的人物。

很多人觉得不能期望自己无条件地得到别人的爱戴，而是需要首先赢得他人的接受和关心。因此，在觉得自己被冷落或抛弃，尤其是不被依恋者接纳时，他们往往会像珍妮那样主动地去抵制拒绝，试图把他人的拒绝消灭在萌芽当中，或者想方设法地去赢得或找回他人的认可。

为抵制拒绝并赢得他人的认可，可以采取很多措施，比如说：

- 寻求实际的帮助和情感支持
- 用心呵护
- 通过面对面、电话或社交媒体等方式进行不间断的沟通
- 采用非常亲昵的动作，如拥抱、亲吻和身体接触
- 使用欺骗和操纵手段，维系亲密关系

但是在其他情况下，他们则会通过如下行为触发愤怒感：

- 表达出敌意（既可以真实表达自己的愤怒，也可以通过取悦他人，让对方有机会表达关爱）
- 展示被动攻击性（譬如，虽然珍妮担心因为感到被拒绝而对朋友表达自己的愤怒只会带来更多的拒绝，但她通常不会回复对方的短信或电话）

集中精力抵制拒绝，反而会让我们更加关注被拒绝的感觉。随着自我意识的不断加强，我们可以思考如何对这些体验进行主动反应，而不只是被动地回应。譬如，在意识到我们习惯于照顾

他人时，我们或许会这样想——在和朋友盘算着出去就餐时，自己的第一反应就是让朋友选择餐厅。此外，我们还可能会发现，自己的饥饿感会突然消失——我们知道，这是一种因自身需求升华而产生的体验。

除了对自身行为和相关经历有更多的认识之外，我们还会重新考虑对他人的看法。假设你告诉一位喜欢烤肉的朋友，你想吃中国菜。此时，你担心的是这位朋友可能会感到不悦。即使事实的确如此，我们也不应一概而论，纵然对方确实不喜欢这个提议，但他仍会喜欢并接受你这个人。抑或他们根本就没有感到任何不悦，更不用说生气。此外，他们的烦躁或难过可能完全源自与我们无关的事情。

因此，只要充分认识造成这种抵制情绪的他人的需求，我们就更有可能接受和尊重对方。这样，我们就会有意识地去选择以前没有尝试过的行为方式：要么关注对方的需求，要么阐述自己的理由，或是在两者之间找到一种折中方法。

## 学会建设性反应

进一步思考我们的行为和反应以及可能采取的行为和反应，我们就能够考虑它们带来的后果。这样，在面对某种情况时，我们就更有可能做出深思熟虑的反应，而不仅仅是条件反射式的被动反应。

如第五章所述，情绪研究的先驱保罗·艾克曼博士曾创建了一张情绪图。他指出，人们对自己的情绪会做出三种类型的反应：建设性、破坏性、混沌性。

要理解这些反应，不妨看看珍妮在如下情境中是如何展现这三种反应类型的。

走进瑜伽馆后，珍妮马上走近正在和一位陌生女士交谈的贝丝。贝丝满脸笑容地说，"嗨，珍妮，这是帕特，"但随即便转身继续和帕特交谈。珍妮开始胡思乱想：贝丝肯定在疏远自己，她要和这个陌生女士交朋友。此时，珍妮的心跳开始加快。她觉得自己在贝丝的心目中已无关紧要，她的头脑几乎立即被拒绝感所控制。最初，珍妮假装若有所思，丝毫没有被她们的亲密交谈所打扰（这是一种典型的混沌性反应）。随后，她开始用"玩笑"的口吻称帕特的外貌为徐娘半老（破坏性反应）。这让贝丝很恼火，开始和珍妮拉开距离，这也是珍妮最担心的事情。在随后的瑜伽课上，贝丝没有按时出现，这让珍妮有机会独自和帕特交谈。事实证明，尽管没有直言，但珍妮还是意识到，自己确实有点喜欢帕特，并选择更用心地与对方进行交流（建设性反应），最终，两个人成为好朋友。

要进一步理解这三类反应，不妨看看图6-1至图6-3。我们会发现，这些图框非常接近第五章中"描绘我们的情绪之旅"部分的图框。但是在本节，我们对图框进行了拓展，以说明在面对保罗·艾克曼所定义的五种基本情绪（愤怒、厌恶、恐惧、快乐、悲伤）时，我们可能做出的三种反应。

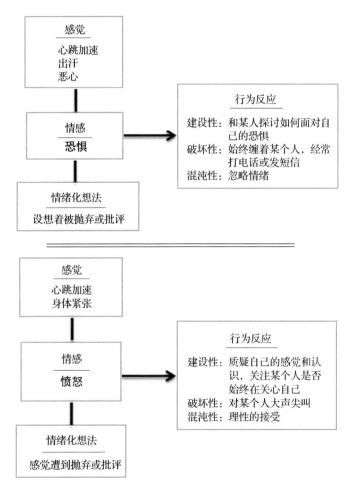

**图6-1 针对建设性、破坏性和混沌性反应的情绪图**

（基于保罗·艾克曼的情绪时间线理论）

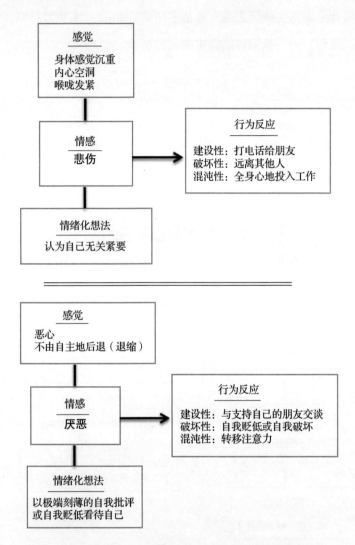

图6-2　针对建设性、破坏性和混沌性反应的情绪图（续1）

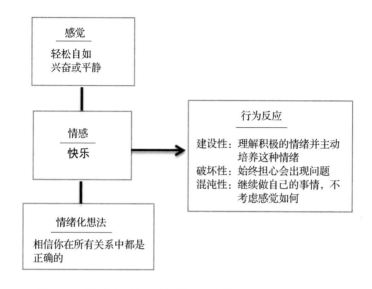

图6-3　针对建设性、破坏性和混沌性反应的情绪图（续2）

## 观察反应并思考我们的选择

本练习旨在帮助我们识别面对拒绝时做出的本能性反应，并考虑可能做出的各类反应。但是，由于该练习以第五章中"跟踪我们的情绪过程"所述的练习为基础，因此，我们应按先后顺序完成这两个练习。我们需要日记本（或是一张纸）和铅笔完成本次练习。

**想象一个我们纠结于拒绝的情境。**

**识别我们感受到的情绪。** 这些情绪可能体现为艾克曼总结的五种基本情绪情，也可能包括其他情绪。

**对每一种情绪，在一页纸上复制并完成图6-4所示的图框。**

请记住，要把自己的反应填写到建设性、破坏性或混沌性的图框内。圈出我们做出的这个反应。然后，在其他图框内填写我们可能采取的行为。

我们可能会注意到，我们在特定情境下做出的反应是建设性的。但仍须填写破坏性和混沌性反应这两个图框。这样，我们才可以识别在其他情境下可能做出的反应。将我们所有可能做出的反应填入图框，这样，我们即可全面了解我们面对不同情绪做出反应的各种方式，并厘清哪些方式最具建设性。

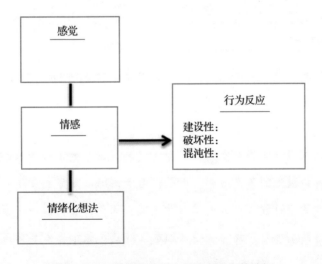

**图6-4　观察我们的反应并思考我们的选择**

（基于保罗·艾克曼的情绪时间线理论）

如果可能的话，可以增加一个图框来扩展本练习，这有助于理解我们可能做出的所有情绪反应。比如说，如果我们的情绪是悲伤，但反应却是情绪回避，那么，我们可能会注意到，这种反应将导致我们陷入绝望。此外，我们还会发现，建设性的反应应该是给朋友打电话，对方或许可以给我们带来安慰。其次，我们还可以进一步扩展这个练习，完成针对绝望情绪和平静情绪的图框。这个跟踪情绪以及我们的反应的过程，可以让我们获得更深入的个人洞见，引导我们选择更健康的反应方式。

## 让自己忙起来：分心与满足

查德已无法忍受。琳达今天早上为什么没像往常那样给自己打电话呢？我一定是做错了什么，让她感到失望了……但到底是什么事呢？他不敢给琳达打电话，因为他猜想，琳达肯定会告诉自己——我们的关系已经结束。当然，他知道这个想法很疯狂。因为就在昨天晚上，我们还一起看电影，共进晚餐，度过了一个愉快的傍晚。我敢肯定，从那时起，一切都会天长地久。而现在，他开始困惑。但世间所有的道理都无法缓解此时此刻内心的厌恶感。因此，他需要让自己忙起来，做些事情，不管什么事情，让自己分散注意力。

很多患者经常向我提到，他们的情感痛苦如何让自己难以承受，而他们的应对方法就是做事情，让自己的思维摆脱这些想法。但是，在我们仔细观察他们所做的这些事情之后发现，某些行动纯粹是为了分散注意力，但有些行动则是为了带来更多的个人满足感。

纯分散注意力类的活动会让我们的思想暂时摆脱拒绝的纠缠，但本身并无助于我们培养内在的自我。我们可以在手机上玩游戏，或是漫无目的地在网络空间浏览。无论这种分心是为了寻找乐趣，还是毫无目的，它们最大的作用就是让我们有时间冷静下来。但如果要让它们具有长远的意义——而不只是暂时性地逃避，我们就必须在恢复平静之后，立即反思自己的问题。在我们处于情绪化的状态时回到这个主题并展开思考往往是最有效的——当然，如果我们此时已经不知所措，思考自然也无从谈起。在感觉"冷却"时再做反思当然也是有意义的，但是这在控制情绪方面的效果会大打折扣。

虽然纯分散注意力的做法有其价值，但以实现个人成就为目的的活动不仅更有助于培养我们的价值感，而且可以分散我们对痛苦情境的注意力。当然，和纯分散注意力的活动一样，我们需要在恢复平静后反思自己的拒绝问题。

查德注意到，在成为社区医疗护理人员后，他的自我感觉非常良好，毕竟，作为这个团队中的一名成员，他的职责就是服务于社区。在琳达没有给自己打电话的那天早上，有同事打电话问他是否愿意替班。虽然查德依旧担心自己与琳达的关系，但眼下的工作确实转移了他的注意力，也让他体会到一种价值感和满足感。在完成工作回到家之后，他突然迸发出一种给琳达发短信的情感力量。直到此时，查德才知道自己有点反应过度，因为发过这个短信后他才得知，琳达因为生病睡了一整天。

在生活的每一个方面，我们都有机会进行各种有意义或是有成就感的活动，比如：

- 工作：学习新技能
- 爱好：制作家谱，自己动手设计生日贺卡
- 宗教：祈祷，加入社会公益机构
- 志愿者：饲养动物
- 家庭：与兄弟姐妹及其家人共度一天
- 社交生活：和朋友一起去听音乐会或是吃烤肉

我们越是能体会到内心的价值感和成就感，就越敢于面对被拒绝的恐惧。我们可能会发现，我们感觉到的拒绝并不是针对我们整个人的，而是只针对我们的某些方面的，比如幽默感或是政治观点。此外，我们还会认识到，同样的方面，在另一种情境或关系中，我们却有可能得到自己被接受和重视的观点（就像查德在从事护理工作中得到的尊重）。虽然这些各不相同的体验最初会让我们感到混沌不解，但观察体验到的这些不同层面恰好可以帮助我们认识到——拒绝并非全方位的，只是针对我们的某个方面。

在心烦意乱时，通过以追求成就和分散注意力为目的的"任务"，不仅可以让我们冷静下来，更理性地思考，而且会更多地

去体验价值感，甚至减少拒绝感带来的压力。

（有关培养积极自我意识的更多信息，请参阅第八章"创建自我接纳意识"和第九章"培养富有同情心的自我意识"。）

## 运用正念

拒绝感会导致我们采取特定方式进行思考和感受，进而带来其他痛苦的想法和感受，这就会引发一种连锁反应。于是，我们很快便开始忽略现实，陷入我们自己在内心世界里炮制的死循环。比如说，我们可能会对放自己鸽子的朋友声色俱厉，但根本就没有意识到，她只是想告诉自己——她刚刚经历了车祸。于是，这件事会留在我们的脑海中久久不能散去，让我们脱离当下，深陷其中而不能自拔。

为进一步融入当下环境及他人的实际行为（而不是担心他们正在做什么或是可能做什么），我们可以利用提示物随时提醒自己回归当下，用心去体会当下。为此，有些人通过仪式做到了这一点，比如说，基督徒在吃饭前要进行祈祷。在培养用心感受当下的能力时，一种内在意义有限但效果非常明显的方法就是选择一种我们能经常做的动作。

在上班的时候，我一直坚持练习感受触摸门把手为下一个患者开门的瞬间。当然，我们还可以选择感受每次拿起电话或是从椅子上站起来的动作。也可以选择持续时间更长的活动，比如说，每天从走下汽车进入办公室的路上，更缓慢、更专注地走路；或是在洗澡时进行正念思考。毫无疑问，可以选择的事项不计其数。

查德意识到，自己的思维经常会走神，于是，他决定进行正念练习。他选择了做晚饭时切胡萝卜的动作：拿起胡萝卜，放在砧板上，注意到胡萝卜的温度和质地。他甚至会体会到胡萝卜的气味。然后，在拿起刀具的时候，查德会关注刀的重量和刀柄的质地。他慢慢地一边切胡萝卜，一边体验手和手臂的感觉变化。在为晚餐切菜的过程中，他还会关注并体验双手的精巧设计和强大功能。

在每次完成正念动作时，我们一定要保证动作缓慢，提高关注力。我们必须真正用心地去做这些动作，只有这样才能达到效果。在这个过程中，我们关注的不是动作本身是否完美，而是其能否帮助自己学会更用心地去生活。每当我们陷入旧习、做白日梦或是盲目行动的时候，随时提醒自己，关注当下，用心追求。正因为如此，从事正念训练的人才把这项活动称之为练习。

## 人际关系中的安抚性接触

每当贝丝拥抱和亲吻自己脸颊时，珍妮都会感觉到浑身僵硬。在意识到这一点后，珍妮开始质疑自己的反应是否合理。尽管渴望得到认可，但珍妮确实对身体上的关爱感到不舒服。但珍妮认为，贝丝始终是个有爱心、值得信赖的朋友。然后，她开始安慰自己，拥抱和亲吻只是贝丝向自己表达关爱的方式。于是，珍妮认为，应该尽可能地接受贝丝的身体关爱方式。在贝丝拥抱自己时，珍妮会缓缓地深吸一口气，有意识地放松肌肉。此时，珍妮会注意到，她在贝丝的身上感受到了温暖，而且意识到自己正在感受对方的关怀。在经过这样的尝试很多次之后，珍妮对此产生了积极的感受——即使她仍有些许的不适感。

安抚性接触（比如拥抱或是把一只手放在自己肩上的感觉）可以激发催产素的分泌，催产素有助于缓解我们的压力荷尔蒙，进而带来信任感、安全感和关联感。由于催产素具有强大的亲和效应，以至于被称为"拥抱激素"。身体释放催产素会有助于我们在情绪上感到更安全，让我们更好地去意识和感知自己的情绪，以更积极的方式容忍情绪，甚至让我们在原本会克制、逃避的情况下去主动与他人分享情绪。在反复的互动中，如果我们把某个人与这种安抚感联系起来，那么，在心境不佳时，我们就更有可能把他们视为获得安慰的源泉（让他们成为依恋对象）。

除此之外，安抚性接触还会增加我们内心的脆弱感。因此，我们会本能性地抵制安抚性接触带来的抚慰效果。如果我们为此感到难以忍受，只需尊重并保护自己的本能需求。因此，我们无须强迫自己接受身体上的安抚，而是应以好奇心对待我们的本能性防御，思考稍微放松这种防御会是什么样。

如果能理解珍妮的不适并愿意去尝试改变，那我们就可以认真考虑自己的人际关系。是否存在我们认为值得信任并能带来安全感的人？如果有的话，我们可以用更多的肢体语言去表达这种情绪，比如在见面和分手时拥抱。如果我们认为这有益于自己的人际关系，不妨在这方面向他们寻求支持。

另一种方案就是接受专业按摩。当然，我们也可以发挥自己的创造性，譬如参加交际舞班。（需要提醒的是：有受虐史的人往往会认为身体上的亲密接触几乎不可接受，因此，对他们而言，当然不必强迫自己与他人进行身体接触。相反，他们可以培养自我同情心——这也是本书后续话题之一，或是和治疗师共同合作，寻求解决问题。）

请记住，在我们与他人身体接触时，对方的催产素水平也会增加，因此，他们更有可能投桃报李。比如说，随着珍妮逐渐开始接受贝丝的拥抱和亲吻，她甚至会在贝丝不高兴的时候主动与其拥抱，这也会让贝丝走出情绪低谷。当然，我们必须考量对方对相互触摸的接受程度，尤其是我们与对方的接触方式。

增加身体接触可以减少我们的痛苦强度，因而提高我们的忍受度。这样，我们就有可能发现，我们不仅能更清晰地思考自己的问题，甚至能更好地理解并响应他人的诉求——比如说，当珍妮意识到贝丝需要安慰的时候，她会主动向贝丝给予安慰。

## 接受拥抱与情感安抚

为进一步理解我们对安抚的接受或拒绝程度，一种可以采取的方法就是在拥抱他人或接受所爱之人的拥抱时，关注自己的体验。这个人可以是我们的伴侣、朋友或家人。为此，我们需要在日记中（或在一张纸上）完成以下的简单调查问卷，并思考我们的答案意味着什么。

**想想我们在与所爱之人拥抱时感受到的体验。**根据我们的感受，按 1 到 5 对每句话进行评分，1 表示完全没有，5 表示高度吻合。然后，把所有评分加总。

- 我感受到对方的关怀。
- 我感到自己在关心对方。
- 拥抱让我在情感上体会到安慰。
- 拥抱有助于让我在身体上平静下来。

**考虑一下最终的总得分意味着什么，并记录下来。**可以看到，我们得到的总得分越低，表明我们越不愿意接受对方给予的安慰。如果我们在某个项目上的评分明显高于或低于其他项上的分数，请考虑一下，这在我们对身体关爱和情感认同的接受度方面意味着什么。比如说，在拥抱带来的安慰或内心平静方面，我们给出的评分低于其他方面，这可能表明，尽管拥抱也是一种表达关爱的信息，但我们在情感上并不愿意接受拥抱。

**思考并记录我们是否会对不同人做出不同的反应**。如果愿意的话，可以寻找这方面的话题。比如说，有些人更愿意接受来自女性或儿童的身体安慰，但对男性或成年人却极度排斥。

**敞开胸怀接受这个练习给我们带来的启示，并加以记录**。考虑我们对身体安抚的接受程度如何影响我们感受到的关爱感或孤独感。思考我们注意到的不同主题。思考与拥抱带来的身体体验有关的想法。

这些观察和洞见会极大丰富我们的自我认知。这很重要：尽管变化不可能一蹴而就，但它迟早会引导我们以更开放的思维，放松本能性防御，接受外部世界的安抚。

在完成这个练习后，在其他人拥抱我们的时候，我们应有意识地去接受对方给予的情感关怀和身体上的温暖。如果我们尝试去接受拥抱但并未感到安慰，这很正常。毕竟，这只是我们的出发点。在拥抱的时候，我们可以继续感知自己的体验。随着时间的流逝以及内心感悟的强化，我们迟早会感受到温暖。

进一步了解我们的行为及其所传递的信息，以及它们与STEAM其他领域的关系，我们自然能够更好地了解自己。这样，我们就可以选择自己希望采取的行为方式，而不是完全被动地去应对。这种行为方式可能体现为学习新的行为反应，让我们在情感上感到更强大，并在面对拒绝时展现出更大的韧性；或许这意味着，在认识到自己的情绪化反应与客观情境不符时，我们会转而选择一种更具"适应性"的反应；这也可能说明，我们可以通过培养自我意识，增加对拒绝敏感问题的同理心。在继续阅读本书的过程中，我们将会看到，利用这种同理心去培养更强大的自我同情意识，必定会让我们面对拒绝时变得更有韧性。

第七章

# 心智化

琳达非常严肃地说，"我应该待更长的时间才对，事情根本不是我所想象的，"在向查德解释母亲因为中风遇到的问题时，她到现在才意识到，困难远非最初想象的那么简单。听到这些，正如查德想象的那样，他的心脏如同受到除颤器电击一般，迅速开始剧烈跳动。

随着琳达娓娓道来，查德才意识到，自己根本就没有听懂对方在说什么。他意识到，自己对琳达的理解远不及琳达在过去两年来对自己的理解，于是，他强迫自己集中注意力。他开始有意识地关注胸口肌肉紧绷的感觉、琳达会抛弃自己的想法、感到被拒绝的情绪以及一言不发的动作。就在此时，查德突然意识到，原来被抛弃的恐惧已经彻底控制了自己。幸运的是，他随后还能重新集中精力，让自己站在琳达的立场上，而不是陷入个人制造的危机中不能自拔。

查德将这种深化的自我意识用于整个 STEAM 模型，以了解自己和琳达的反应，此时，他正在实现自己的心智化。这意味着，在琳达认为自己应该陪伴母亲更长时间的时候，他可以"获得"琳达的真实想法；这也意味着，查德还可以"得到"自己的真实想法，而最初的反应只是出于对被抛弃的恐惧。有时，学者们认为，心智化的过程就是"以心和思想培育情感和理智"的过程。也就是说，从我们的理性认识以及与他人真实体验的情感关联（我们的"情感和理智"）出发，我们得以重识某个人的观念和情感（他们的"情感和理智"）。实际上，在与他人及自我建立关联时，我们就是在做这件事。

虽然听起来或许令人困惑，但心智化却是我们每天无须思考就在做的事情，比如说，在走进商店大门的时候，我们会不经意地为身后的人继续拉门。当我们在人际关系中变得情绪化或是感到紧张时，主动体验心智化有助于我们缓解问题，这在理论上被称为"受控心智化"（controlled mentalizing）。在让自己刻意体会琳达的行为完全出自于对母亲的关心时（而不是想和自己保持距离），查德实际上已经有意识地进行了心智化，这让他能以关爱的态度而非愤怒或痛苦的情绪去回应琳达。查德的体验表明，有意识的心智化有助于澄清误解。

重要的是，心智化不仅仅是一个理性过程——譬如电影评论家丝毫不留情面地剖析某个角色为什么会采取某种行为。这充其量只能称为"伪心智化"（pseudo-mentalizing），因为它是在完全与情绪脱节的情况下进行的。相反，只有以这种方式同时调动我们的情感和理智，才能充分理解其他人的体验。

心智化能力越强，我们就会对自己和他人有更多的认识。此外，心智化还可以帮助我们容忍自己的情绪，缓解情绪带来的困扰。这就带给我们更强大的同理心、同情心和忍受力。例如，在我们打断某个同事的工作时，他向你表示了不满，那么，缺乏心智化能力会导致我们认为，同事的不满不只针对这件事，而是针对我们整个人。而强大的心智化能力会让我们意识到，他们只是在表达当时一瞬间的感觉。当我们处于巨大压力并专注某一项任务时，就能很好地理解这种被打断的感觉。因此，改进我们的心智化能力就可以帮助我们进行更清晰、更灵活的思考——这就包括以更强的韧性面对形形色色、大大小小的拒绝。

为完成本章的练习，我们首先要完成自我意识其他所有领域的学习。在了解了自己的感觉、思想、情绪和行动之后，我们就可有意识地去克服固有缺陷——面对拒绝，哪怕只是与拒绝略有相似的经历，也会让我们无所适从。

## 以参与性好奇看待自己

还记得动画片《好奇猴乔治》吧？那只小猴子因为爱玩的天性而非常可爱。天生的好奇心促使他以开放的学习态度探索世界。同样，好奇心和开放的学习态度也可以帮助我们强化自我意识。

但这种好奇心的性质非常重要。好奇心可能不存在判断性，即我所说的"参与性好奇"（engaged curiosity）；也可能带有判断性，我称之为"批判性好奇"（critical curiosity）。在针对我们自己的时候，参与性好奇可以让我们获得新的体验，并帮助我们更好地了解自己。例如，假设我们正在考虑把画家当作自己的职业时，我们可能会想，"我想知道，做一名专业画家会是什么样子呢？"相比之下，我们也可能会以批判性好奇去猜测："你做这件事是为了什么呢？"作为对自己的回应，我们可能会觉得受到批评，进而选择关闭自我意识。

在这种情况下，我们逐渐会变成自己的陌生人，我们认识自己的心智化能力也会损害。相比之下，练习参与性好奇则会鼓励我们以更开放的心态对待自己。我们会感到被接受并有安全感，这使你可以降低防御力，提高自我意识并更好地思考自己。

## 培育参与性好奇

我们可以通过完成这个思维实验进一步培养参与性好奇：

**回想我们感到被拒绝的时刻。**在脑海中回忆这个情景，以便与当时的想法和感受联系起来。

**对自己的反应感到好奇。**问问自己，"我怎么了?"分析STEAM模型自我意识的其他领域。如果不能与特定领域的体验联系起来，可以使用本章针对这个领域提供的练习。这将有助于我们全面理解自己的体验，并引发针对这些体验的同情。

**考虑人们对这种情境可能产生的其他反应。**想想我们认识的某个人会做出怎样的反应，有助于我们进行这些练习。我们或许会感到被拒绝，但不会受到深度伤害。或者他们根本就不会感到被拒绝。此外，他们也可能感到不被尊重或愤怒。

思考可能导致我们做出反应的原因。这个练习的目的并不是让自己被动回忆原有熟悉的反应，而是利用我们对其他潜在反应的认识去理解到底是什么导致我们以这种方式做出反应。我们可以考虑，当时的情境是如何让大多数人感到些许的被拒绝感的。此外，我们还可能注意到，该情境的某些方面是如何让我们联想到其他令人深感不安的情境的。或者说，认为自己不够优秀的恐惧感可能与我们从小便根深蒂固的深层次恐惧有关——要充分理解这个问题，可能还需进一步探索。

**确认我们的理解。**一旦"弄明白"我们为什么会做出这样的反应，随后需要做的事情就是要意识到，我们的反应只是人类的本能反应。考虑到自己的特殊情况，我们可能会对做出相同反应的其他人感到同情。这样，我们就可以对这件事和自己产生同理心。

就像我们对待其他新技能一样，我们可以考虑把这个练习作为培育好奇心的一种方式。如果意识到我们已经回到旧模式，那么只需承认这个现实，接受获得这项技能的困难即可。此时，我们可能会做一下深呼吸练习，再尝试一次；或是让自己稍微休息一会儿，稍后再重新尝试这个练习。

增强我们使用参与性好奇的能力，可以帮助我们在感到被冷落或是被拒绝时做出更理性的回应，或是更快地从问题中走出来。要以这种更开放的参与方式发挥好奇心的力量，我们就必须以关心或是至少不带批评色彩的角度看待自己。如果我们在正常的积极心态下也无法做到这一点，那么，请转到第八章"创建自我接纳意识"。花点时间，学会以更积极的心态感受自己。当我们能以开放和积极的心态更好地认识自己时，再重新回到这项练习。（可以在第八章贴一张便签，提醒自己做好准备后再返回本练习。）

## 以好奇心对待他人

以参与性好奇对待他人和对待自己同等重要。只有这样，我们才能以更加开放的心胸去感受其他人要表达的内容，从而让我们产生同理心，更好地理解他们，打造更好的人际关系。此外，在信任感增强的情况下，如果我们感到沮丧和脆弱，那么，我们就更有可能毫无顾虑地向他们寻求安慰（将他们视为依恋对象），而且不太可能害怕或感到被拒绝。随着关系纽带的加强，双方会形成更安全的依恋关系，为塑造更积极的自我感觉提供支撑。

　　培育以参与性好奇对待他人的一种方法，就是选择一个我们自认为相对安全的朋友或家人。双方在轻松自如的状态下进行交谈，倾听彼此讲述自己情感问题的话题；提出有助于稳固双方关系并对其经历产生同理心的问题。即使我们有帮助对方的强烈愿望，也要全神贯注地去倾听，真正去"了解"他们正在经历的事情（只有这样，我们才能有针对性地帮助对方解决问题）。如果对方感受到了你的理解和关怀，他们就有可能和我们分享更多的话题，并最终感受到情绪强度的减轻。一旦学会在感觉安全时掌握这项技能，那么，在不同意对方或是对拒绝感到不安时，我们就可以练习增强这项能力。

　　培养好奇心的另一种方法就是关注我们认为某人通过模棱两可的行为向我们表达批评观点的时刻。很多人发现，强化自我意识会让他们产生好奇心。珍妮也意识到这一点：天呐，我可不接受。珍妮总是在想：

　　又来了，太糟糕了。她确信，吉娜的三心二意完全是因为自己表现出的厌烦情绪。但是，她马上又意识到，反应过度是自己常有的事情。因此，她努力不让自己受制于这种恶心、讨厌的拒绝情绪，而是主动选择停下来，冷静地思考。好吧，或许是她厌倦了我，但也可能是因为其他问题。可能是工作让她感到厌烦，或许是收到了母亲健康问题的坏消息。

在思考这些可能性的时候，珍妮突然想到，自己根本就不知道发生了什么，而且假设吉娜如何对待自己没有任何意义。尽管不能确定，但她至少能采取更开放的心态。她想，我真希望知道发生了什么事。然后，她几乎未加思考地询问吉娜："你似乎有点心烦意乱，看上去有点难过。你想说说发生了什么吗?"这个简单问题打开了吉娜的思绪闸门，她开始倾诉长期以来埋藏在内心深处的很多问题。

在思考其他人的内心体验时，我们就可以练习将这个人纳入自己的内心世界，这就是针对他人的心智化过程。虽然我们只能猜测别人的内心体验，但通过换位思考，从自己的视角思考其他人的感受，必定可以更好地理解其他人的行为，接受这种体验所依托的种种线索。这样，我们就可以更好地进行人际交往，与他人建立更健康、更快乐的关系，减少对拒绝的担心。

## 对我们当前处境的评价

在我们的情绪反应与具体情境不相匹配时，我们很自然想知道，到底发生了什么？对这个问题，与其从深刻的心理问题开始，还不如从更简单的当下现实起步，考虑眼下可能影响到我们的诸多非相关因素。

比如说，你因为开车迷路而错过与朋友的约会，尽管这位朋友平日里始终支持自己，而这次也只是对你进行了善意的取笑，但这已让你感到非常难堪。在这种情况下，充分认识拒绝敏感问题肯定有助于理解你做出的反应。另一种观点或许同样值得思考：我们在早餐中吃了两个甜甜圈，造成了血糖水平直线下降。

所以，在深入探究我们反应过度的原因之前，我们不妨问问自己如下这些问题：

**我的身体是否出了什么问题？**比如说：

- 饥饿
- 疲倦
- 疼痛
- 疾病
- 醉酒

**我是否对某个人或一些人而感到生气？**比如说：

- 家人
- 朋友

- 孩子

- 伙伴

- 同事

**最近发生的一件事或若干事件影响了我的情绪？** 比如说：

- 最近的工作问题
- 资金困难
- 车祸

如果我们最终找到来自外界的压力源，那么，最重要的就是要考虑它们带来的影响有多大。这样，我们就可以为自己的反应找到更多的解释。比如说，我们可以选择把注意力从当前反应（比如因受到嘲笑而觉得难堪）转移到这些问题上。此时，我们可以告诉对方，造成我们不安的是这些事情，而不是对方；或是暂时走出这种情景，去单独处理其他事务。

在这种情况下，我们需要考虑的是，这些问题是否是需要刻意关注的长期问题。比如说，如果我们经常在早餐中吃甜甜圈，那么，改用更健康的替代品或许能给我们带来好处。表 7 - 1 列出了一些常见示例。如果遇到其他问题，可以把它们连同相应的解决方案添加到列表中。然后，制订行动计划，针对自己的问题采取表中推荐的解决方案，从而养成更健康的习惯。

表 7 - 1  常见问题及其解决方案

| 问题 | 解决方案 |
|---|---|
| 疲倦 | 抽空小憩一会<br>长期问题：采取措施增加常规睡眠时间，或是通过医疗手段解决失眠问题 |
| 饥饿 | 食用营养均衡的膳食或零食<br>长期问题：制订健康的饮食计划，包括均衡饮食和定期进食 |
| 疾病 | 休息并根据需要服药<br>长期问题：咨询医生并根据医嘱进行治疗 |
| 对某个朋友生气 | 与你的朋友一起解决问题<br>长期问题：重新评估你们之间的关系以及你希望如何处理长期存在的问题 |
| 财务困难 | 制订解决问题的计划<br>长期问题：重新评估你的理财方式 |
| 因生活压力而感到精疲力竭 | 做一些有益于身心健康的活动，例如洗热水澡，或是主动给自己创造愉快、轻松无压力的一天<br>长期问题：将有益于身心健康的活动纳入日常活动中，可以帮助我们更有动力继续前进。重新考虑我们需要优先完成的事项。如果当前的压力源或困难似乎正在持续给我们造成压力，而我们自己又无法彻底解决这些问题，请寻求专业帮助 |

## 我是否对拒绝过度敏感

在经过最近一次争吵之后，查德开始担心，琳达会离开自己，这让他从内心深处感到难以忍受。这种感觉就像内心爆发的地震，在查德的心中掀起了一场情绪的海啸。强烈的自我厌恶感以及对琳达的愤怒不断冲击着查德的思维。他甚至开始对自己咆哮——琳达或许就是个混蛋，因为他已经不断陷入自我想象的情景：琳达有多么地不在乎自己，如何毫不留情地伤害自己。在查德的头脑中，一种日益膨胀的信念让他所能感受到的一切稳定情绪都不复存在：所有人都是冷酷无情的，只不过很多人会把自己伪装成好人。

尽管事实并非如此，但这些想法对查德而言则显得无比真实。当某个人以一种高度敏感的方式对拒绝做出反应时，那么他在做出反应或者说进行过度反应时就会带有一种强烈的被拒绝感（以大写字母"R"表示）。相反，当他以更符合现实的方式对拒绝做出反应时，则会表现出不同程度的被拒绝感（用小写字母"r"表示）。两种情况的差异在于：第一种情况下，查德感到自己被琳达残忍地拒绝；第二种情况下，查德只是感到琳达的做法不公平。

因此，虽然查德的朋友和家人经常会因为担心而给他打电话，但他仍觉得自己在这个世界上是孤独的。他无法抑制自己内心的消极信念和痛苦感——就像是没有人能阻止潮汐一样。虽然他觉得这场危机永远不会结束，但这种强烈情绪最终还是会自然而然地平静下来。这种因情绪而来的想法还会继续存在，但不可能始终那么强烈，而且只要有意识地思考这些情绪，查德就会发现，它们原本没那么重要。

正如查德所看到的那样，当我们意识到自己正在经历"R"模式的拒绝时，让情绪恢复平静并进行清晰思考的能力就显得至关重要了。通常，人们可以通过各种方式帮助自己恢复情绪的平静，例如第二章"学习自我安慰"部分所描述的活动。该部分给出了很多实现自我安慰的建议，并介绍了一些进行身心放松的技巧。如果找不到有助于我们恢复良好感觉的适当活动，而且你经常会因焦虑或痛苦而无法忍受，那么，现在即可查看这个部分。

在感觉没那么失控的时候，我们就有可能发现新的观念。我们可能会认识到，从表面上，我们似乎在"小题大做"。但这或许并不是真相。事实上，当某个同事没有想着邀请我们吃午餐，或者我们的爱人希望在周末独处时，我们都有可能感受到深深的伤害。尽管我们也会以客观态度看待这些事情，但拒绝感是显而易见的。

事情的真相或许是我们的反应与眼下情境不符。但这种真切的痛苦感肯定会让我们去联想更多的事情。正如我们在第一章所解释的那样，把我们对拒绝的敏感性比作烧伤给皮肤造成的敏感性会有助于我们思考这个问题。在这两种情境中，即使是对敏感区域（皮肤或排斥感）的轻轻触摸，也会因为联想到以往的经历而让我们难以忍受。

一旦意识到我们正在体验严重的被拒绝感（R），而非轻度拒绝感（r），我们就会产生怀疑。在这里，重要的不是质疑这种感受的真实性，因为它们本身无所谓对错——它们都是客观存在的。相反，我们的感受可能与某种情境一致，也可能与之不符。因此，我们可以这样对自己说，"我感觉到的是 R 形式的拒绝。"这个说法或许是一个信号，它引导我们更多地去思考引发这种感觉的潜在原因。如果这种感觉与当下情境完全不符，那只能说明，它来自过去的经验。这种意识可以帮助我们缓解真实或潜在的拒绝敏感，放弃不必要的防御，并最终敞开心扉，拉近与他人的距离。

思考我们是否因为 R 形式的"拒绝"而感到难以承受，以至于不敢去面对和反思这种感觉。如果是这样的话，完成第五章的"呵护我们的情绪"练习会让我们有所受益。当我们学会接受和"忍受"时，就可以通过第四章的练习"回顾过去，连接当下"，探索我们的感觉根源。

## 完美并不常见，缺陷才是永恒

人们试图避免拒绝的一种方法就是让自己变得"完美无瑕"。毕竟，如果我们在所有事情上都能做到正确无误，那就足以证明，我们对自己和他人都是有价值的。但是完美或是超越合理预期的卓越都是不可持续的，而缺陷则是我们每个人都挥之不去的现实。因此，感觉"足够好"的时刻往往不会持续很久。即使在成功的巅峰，我们依旧会觉得，我们的成功完全源于自己的努力或运气。我们相信，自己并不值得获得这样的成功、得到如此的尊重，而且这种成功与尊重不会延续。可以想象，这样的想法注定会让我们感到沮丧和焦虑。

但是理性思考之后，我们会发现，我们既不是失败者，也根本就没有失败。我们可能会意识到，在生活中，确实有很多人在真正地关心自己。遗憾的是，按照消极和自我批评式思维"感受到的真实感觉"，我们所"知道"的真相只会进一步加强自我否定。凭借这种理性意识，我们就会质疑自己"感觉到的事实"。这样，我们就不会因为自我强加的失败和"理所应当的"拒绝而贬低自己，相反，我们可以用好奇心去审视内心世界的真实体验。

因此，可取的地方就是厘清我们是否（以及在多大程度上）追求如下两种完美主义：自我评价式完美主义（self-evaluative perfectionism）和社交定义式完美主义（socially prescribed perfectionism）。

詹姆斯在医学院的学习成绩一直名列前茅，但始终没有成为第一名。他对自己的批评几乎毫不留情，而且经常会自言自语地说：如果不能做到最好，那么和在班上垫底没什么区别。按照这样的秉性和思维，他从来没有为自己的成绩感到过骄傲，而是坚定不移地去追求成为班上第一名的梦想。长久以来，詹姆斯始终受制于这样一种感觉：只有领先于所有人，他才会感到开心，觉得自己是有价值的。

与詹姆斯类似，我们或许也不会有意识地去担心他人对自己的看法。相反，我们可能会以自我评价式完美主义思维为自己设定高标准——甚至可能是不切实际的过高标准。只有达到这样的标准或是至少要取得超越他人的成就，我们才会觉得可以向自己（及他人）证明自身价值。

## 考量我们的自我评价式完美主义

以下句子体现的是针对自我评价式完美主义的想法。在我们的日记中（或是单独的一张纸），以 1 到 5 对我们在每个陈述上的表现打分，1 表示我们完全不具备该陈述所描述的特征，5 表示几乎完全符合。然后，把我们的评分相加，从而得到总得分。

- 对我来说，最重要的就是尽善尽美地努力完成任务。
- 我觉得必须全力以赴地完成一项任务，直到得到完美的结果为止。
- 我对自己设定了非常高的期望值。
- 即使取得了一定的成就，我也很少为这样的成就感到自豪。
- 在实现一个目标时，我会马上转向下一个目标，我觉得没有必要为已经取得的成就沾沾自喜。
- 即使我的成功是客观存在的（譬如被老板所认可、获得奖励或是被聘用），但我仍会继续自我批评，或是专注于我尚未完成的成就。

可以看到，我们在上述方面可以取得的最高分数为 30，最终的总分数越高，表明我们进行自我评价所依据的标准越不切实际。

**思考并记录我们的得分说明了什么问题。** 当我们的分数接近 30 时，考虑一下，我们的完美主义倾向可能只会适得其反。它最终只会强化我们还不够优秀的感觉，而不是帮助我们通过自身价值体会成就感和安全感。即使我们取得成功，它也永远不会让我们感觉足够好，这就促使我们无休止地去追求下一个目标，只有这样，我们才会自我感觉良好。

**进一步思考我们的自我评价式完美主义思维。** 主动选择关注 STEAM 中与这种完美主义思维相关的所有意识领域，这当然需要我们有足够的勇气。如果在某个领域需要帮助，可以使用讲述该领域相关章节的练习。比如说，使用第三章中的"与感觉重连"练习，有助于我们挖掘和体验与完美主义观念相关的身体感觉。第五章里的"呵护我们的情绪"练习，可以让我们进一步认识与完美主义相关的情绪。而第六章中的练习"我们是否多此一举？"则有助于我们理解追求完美主义的行为会带来哪些影响。在探索和反思我们在 STEAM 各领域上体现出的完美主义时，记录我们的想法和洞见。

在对自我评价式完美主义有了更全面的认识和欣赏之后，我们会发现，我们开始对这种思维产生怀疑，并考虑是否应该以更健康、更现实的方式对待自己。

在对自己有了更深入的了解之后，我们就会以更大的接纳意识和同情心看待自己。即使达不到我们为自己设定的高标准，也不会毫不留情地进行自我拒绝，或是预期其他人会拒绝我们。不管我们在追求目标的道路上取得怎样的成绩，哪怕没有取得任何进步，都无所谓，不要过度地责怪自己。成功和失败都取决于我们内心世界的自我评价。在阅读第八章"创建自我接纳意识"和第九章"培养富有同情心的自我意识"时，还须牢记自我评价式完美主义带来的自我否定问题。

南希觉得，自己一直没有想到朗达还需要照顾三个孩子，在这一周，朗达一直在工作上忙得不可开交，因此，她确实需要一个帮手。南希马上想出了办法，她为朗达的家人做饭，开车帮朗达接送孩子，一路上听着朗达向自己倾诉对主管的不满情绪。所有这一切都没有错，而且很多都是对的……但南希依旧对自己生气地喃喃自语，她觉得对自己家庭和工作做的贡献越来越少。换句话说，对她来说，成为朗达的好朋友更重要，以至于她没有时间去考虑自己的需要。

与南希类似，我们也可能会采取社交定义式完美主义思维，在社交活动中刻意追求完美主义思维，设法以完美无瑕的方式满足甚至超越他人为自己设立的标准，但事实上，这完全是我们为自己设定的标准。如果我们总是在满足别人的需求方面做到完美无缺，那么，对方就不会拒绝你——或者说，至少我们自己是这么想的。如果我们是最优秀的人，或是上司见过的最优秀员工，我们就更有可能得到积极的反馈，这当然会减少我们缺乏价值的自我感受。但问题在于，我们在本质上存在缺陷的感觉仍然存在，而且我们会主动地去不断验证，自己是错误的。这会产生长期性甚至带有自我伤害性的焦虑。

由于南希一直在努力提高针对 STEAM 各方面的自我意识，因此，她开始逐渐认识到，自己的某些反应并不正常。于是，她开始思考自己如何全心全意地服务朋友，而且这种服务已经远远超过他们对自己提供的帮助，甚至也超出她期待其他人帮助自己的程度。此外，南希还意识到，虽然自己喜欢乐于助人，但还是担心其他人不愿意成为自己的朋友，除非她让自己变得不可替代。

## 考量我们的社交定义式完美主义思维

如下描述反映了与社交定义式完美主义思维有关的想法或行为。在我们的日记本（或单独的一张纸）上，以 1 到 5 对我们在每个陈述上的表现打分，1 表示我们完全不具备该陈述所描述的特征，5 表示几乎完全符合。然后，把我们的评分相加，从而得到总得分。

- 对我来说，最重要的就是不能让任何人对我感到失望。
- 只要想到有人会对我感到失望，我就会感到非常焦虑。
- 当我在某一项任务上出错或失败时，我认识的大多数人就会对我感到失望。
- 我会尽一切努力去避免犯错，以免让其他人对我感到不满。
- 当我在某一项任务上出错或失败时，我就会认为，这只能说明我不如其他人。
- 我经常达不到别人对自己的期望。

可以看到，我们在上述几个方面的最高分数为 30，最终的总分数越高，表明我们指望其他人认定自身价值的倾向性越强。

**思考并记录我们的得分说明了什么问题**。当我们的分数接近 30 时，这揭示了一种强烈的趋势——我们总是在不切实际地去尝试完全满足或超越他人的需求，但这事实上只是我们为自己的设定的标准。想想这种倾向会如何影响我们对自己的感觉。它是否会让我们时不时地感到不安，担心别人会拒绝或是抛弃我们？或者说，如果我们没能尽一切努力去达到或超过他们的标准，他们就会这样做？

**进一步思考我们的自我评价式完美主义思维**。主动选择关注 STEAM 中与这种完美主义思维相关的所有意识领域，更深入地反思我们的社交定义式完美主义。利用我们对 STEAM 各领域的自我意识，有助于我们更清晰地理解这种完美主义思维。如上文

"考量我们的自我评价式完美主义"部分所述，不管我们在哪个方面遇到困难，都可以使用讲述该领域的相关章节进行练习。在日记本上对此进行记录，并写下针对这些问题的回答：

- 当我们的自身需求与他人需求不一致时，我们会在多大程度上考虑他人需求？

- 如果难以表达自身需求，那么，我们担心表达自身想法、感受、愿望和信念会带来哪些具体后果？

- 在向支持我们的人表达自己的想法时，我们遇到了怎样的结果？

- 在没有表达自己想法的时候，这种做法给你们的关系以及自己的感觉带来哪些影响——无论是积极的影响，还是消极的影响？（对不同关系带来的影响可能会有所不同。）

在进一步充分了解我们的社交定义式完美主义思维及其后果后，我们会更加关注给自己带来的负面影响。

更清醒地认识自己身上的社交定义式完美主义思维会有助于我们更好地理解问题，让我们能以同理心和同情心做出更积极的反应。这样，我们致力于完美兑现他人目标的动力就会有所减弱，而我们也会认为自己更值得获得爱和接受。这或许会激励我们去更认真地思考个人需求。

## 过高期望的负面影响

在高中时期，米娅始终坚持努力学习，她会极力掩盖认为自己不聪明的想法，要求自己在每门考试中的成绩都不能低于 A。因此，在大学一年级得到一个 B 和一个 C 的时候，确实让她难以承受。她脑海里开始不断地重复这个念头：我确实太愚蠢了，我没有资格待在这里。她对这些想法似乎笃信不疑，而且她认为，加倍努力或者寻求帮助不会有实际意义。因此，她开始放弃努力，也拒绝帮助。可以想象的是，她的成绩开始直线下降……当然，这也验证了她的最初假设——自己是"愚蠢"的，不应该把时间浪费在学习上。此外，她对被同龄人拒绝的恐惧以及对辍学的幻想也开始与日俱增。

塞丽娜的高中毕业成绩同样也在学校的前 10%，她也在努力为向大学阶段过渡做准备。她担心自己能力不够，但她选择更加倍地努力，以克服她认为的不足。让塞丽娜没有想到的是，她大学阶段的成绩非常优异，这促使她认为，这一切都要归功于自己的勤学多练。她此时的想法是：现在，人们不会再认为我愚蠢了。虽然对此心存感激，但她还是一直担心自己的秘密被别人发现，如果那样的话，所有人都会看不起自己。

米娅和塞丽娜都没有看到自己拥有的真实能力，也没有看到她们对自身能力不足的担心完全与事实不符，更没有认识到，把期望放得低一点根本就不会招致她们所想象的惨败和拒绝。如果我们也存在与这些示例相近的情况，那么，不妨考虑我们的自我意识与个人标准对自己造成了怎样的影响。

## 评价过高期望给我们造成的影响

使用如下问题帮助我们研究个人标准和期望给自我带来的影响。可以在日记本中写下自己的答案。（如果还没有学习本章的"培育参与性好奇"部分，现在就做这件事。以好奇心而非批判的眼光处理这些问题，我们就更有可能在回答这些问题的过程中取得更深刻的洞见。）

- 我们认为给自己设想的标准的可行性如何？我们是否能经常实现这些目标，以及这些目标会对我们造成什么影响？考虑这些目标在生活中不同领域的差异性如何。

- 我们是否也期望他人能以相同程度满足我们为对方设定的期望？如果不是，我们的理由是什么？同样的道理是否也适用于我们自己？

- 考虑我们没有达到自己标准的一个情境。我们在当时如何看待自己？我们猜想关心自己的人会如何看待自己？如果其他人也通过相同的努力并取得相同的结果，我们会如何看待对方？

- 在我们成功达到自己的标准时，我们对自己有什么感觉？

如果我们的感觉是积极的，那么，这种感觉的强烈程度如何，会持续多长时间？如果是消极的感觉或者至少不是积极的反应，那么，我们的想法和感受是什么？

- 如果我们试图尽一切努力去实现自己的目标和期望——比如说，不遗余力地延长工作时间，或废寝忘食、全身心地投入工作中，那么，这种情境在情感和身体上会给我们的幸福感带来什么影响？权衡利弊。

- 为实现自己的目标而付出巨大代价，或是把更多时间用来满足我们的个人兴趣和更有个人价值的活动，我们的生活会有什么不同？

这些问题为我们提供了更多进行自我探索的途径。因此，我们既可以在几天内完成任务，也可以先稍做处理而后再循序渐进地完成，至于如何选择，取决于我们的个人目标。


## 不断进步，厘清目标

出于多种原因，对拒绝的敏感性可能会让我们难以承受，甚至迷失方向。正因为如此，我们很容易在试图摆脱拒绝敏感问题的过程中丧失自己。这个问题在一定程度上体现为，目标本身只是定义了我们试图摆脱的东西，却并未明确我们应该追求的方向。因此，要想以建设性、健康和令人满意的方式解决问题，我们首先就需要明确正确的前进方向。

# 澄清目标

想象未来的自己：享受幸福感的沐浴，彻底摆脱拒绝敏感问题的烦扰。然后，在日记本或是单独的张纸上绘制一个图表，清楚地写下有助于我们达成这种现实并实现安全型依恋关系的愿望和目标。不妨以查德为例，在分析他澄清自身目标的过程中，思考我们应如何厘清自己的目标。

**首先需要确定目标。**对此，查德写道：对自己有足够的积极性；我认为琳达不会离开我；我可以容忍琳达对自己的不满；我相信，我和琳达的关系终会开花结果（即使这可能需要我暂时地忍受痛苦）。

**而后根据 STEAM 模型制定目标。**

- **感觉**：查德写道：在与琳达交谈时，我感觉自己的身体已不那么紧张，或是更放松，而且客观地说，我们的关系进展得似乎不错。

- **思想**：查德写道：从总体上看，我开始更积极地看待自己；在表达与琳达有分歧的意见时，我会积极看待自己。

- **情绪**：查德写道：我在总体上感觉更快乐，而且平和地对待自己；我能容忍对拒绝的恐惧，以至于足以克服这种恐惧（而不是完全被恐惧所控制）。

- **行动**：查德写道：在不同意琳达的观点时，我会让琳达知道自己的想法；我对其他人也会采取这样的做法。

- **心智化**：查德写道：我会认识到琳达正在经历的事情，而不总是假设她正在想办法抛弃我。

**最后，问问自己，需要怎样做才能取得进步。**查德意识到，在学会摆脱对被拒绝的恐惧之前，他必须认识到，对自己的过度苛刻是没有必要的，而且他总是习惯于认为别人会拒绝自己。

查德要想在澄清目标和目的方面取得进展显然需要一定的时间。尽管了解我们想得到什么并不困难，但是要把这种愿望转为具体的计划显然需要更多的专注和坚持。如果我们最渴望的事情就是摆脱拒绝敏感问题，那么，我们需要努力达成的第一步就是减少对现实或是潜在拒绝恐惧的反应，并在受到冷落或是抛弃的情绪重创时提高我们的韧性和耐力。

## 明智的选择：在"应该"和"希望"之间找到平衡点

珍妮想到自己的朋友露西，她非常有趣。珍妮想，我已经兑现了自己的承诺，借钱给露西，而露西始终没有还这笔钱。现在，露西再次向我借钱，用来支付停车罚单——这一次，珍妮觉得有点困惑：虽然说我应该帮助露西，她毕竟是我的朋友，但我确实不想再次借钱给她。不过，如果这么做，我会觉得自己是个极度自私的人。

尤其是在害怕被拒绝时，我们可能会发现，如果没有做觉得自己应该做但实际上并不想做的事情，会让我们感到沮丧或生气。其次，很多事情只是我们想做的，但出于某种原因而不该做。最后，在经过深思熟虑后，我们会认为没有做这些事情是一个明智的选择，而且在总体上也最有利于我们。毋庸置疑，这就是我们最终应该选择的最优路径。

我们可以按以下步骤做出明智决策：

**1. 倾听另一个人针对"应如何做"而发出的负面声音，甚至是批评，把它当作完全与我们无关的外来声音。写下这个声音给出的理由。重要的是要关注这个声音是如何削弱甚至最大限度压缩我们的感受和欲望的。**

珍妮在想：我意识到我的身体里有个声音在说，"你应该借钱给露西。我真不敢相信，你怎么能这么自私呢？拒绝了自己的朋友，然后再和其他朋友出去吃饭。"想着内心中这个批判的声音，珍妮想：这种想法只考虑露西，但却丝毫不关心我，也不考虑对我是否合理。

**2. 关注你感觉或是希望得到的是什么。**这样，我们就可以敞开心扉面对在内心深处所体验到的情绪和欲望。因此，我们不应关注对这个批评声音做出的反应——比如内疚感，而是关注直接来自我们内心世界中那个真实自我的情绪。

珍妮知道自己不愿意借钱给琳达：我觉得自己是在被别人利用，我不想变成露西的私人银行。

但这个想法来之不易。起初，珍妮会对这种想法感到困惑。她原本以为：我不应是别人的私人银行。按照"应该"这个词，她开始更多地关注自己期望的行为方式，而不是接受自己感觉到和希望得到的东西。但随后，珍妮开始重新关注自己的感受，并在头脑里用"希望"代替了"应该"这个词，于是，一切都发生了变化。珍妮承认——我希望自己的感觉更坚定一点、更强大一点，此时，她对自己也有了更清晰的感觉：我不想成为露西的私人银行。

**3. 花点时间做出明智的决定。** 权衡我们的不同想法和感受、我们可以采取的各种潜在行为以及各种行为可能带来的结果。基于我们迄今为止的全部认识，这个过程可以帮助我们做出最优决策。

珍妮解释说：尽管和朋友在一起很重要，但我"应该"借钱给露西的感觉显然是错误的。她一直在利用我，并没有把我当作好朋友。所以，我现在的真实想法是，我更愿意和其他朋友共同享受友好相处的时间。如果露西决定和我断交，我依旧可以过自己的生活，尽管这可能会让我暂时感觉不佳。因此，是时候拒绝露西并承担失去这个朋友的风险了。

**4. 采取行动**。一旦找到正确的方向，随后最重要的事情就是采取行动，把想法诉诸实践，当然，这需要我们为继续前进制订相应的计划。

珍妮感觉到，她需要想办法坚持到底：在拒绝露西之前，我想和贝丝谈谈这件事。我知道，她肯定会支持我的。不过，如果在和露西说清楚之后再与贝丝讨论这件事，可能更有利于解决问题。

在任何情境中，要做出明智的选择可能都需要我们反复思考，不断筛选。因此，在鼓励做出最适合自己的选择时，需要考虑我们的想法和感受。

这样的两难困境经常出现在恋爱关系中。比如说，贝琳达是一位 26 岁的广告文案编辑，她觉得已坠入爱河不能自拔，因此，只有与经常虐待自己的男友分手，她才能让自己走出这个陷阱。

贝琳达想：所有的朋友都告诉我，鉴于保罗对待自己的方式，我应该和他分手。但我确实非常爱他，我认为，如果分手的话，我永远都无法得到安慰。我实在是太软弱了，而和保罗继续在一起只能说明自己是个傻瓜！

不过，当关注自己的感受时，我逐渐意识到，他对我非常刻薄，而且会毫无顾忌地伤害我。我始终担心我会让他生气。我甚至开始相信，我只配他这样对待我。我想继续维持这段关系，因为我确实爱他，但我也很清楚，我应该离开了。从道理上说，我知道，我的朋友都会支持我离开保罗。尽管我害怕眼下可能要面对的分手，但是从长远看，只要离开保罗，我最终才能更快乐地生活。所以，我真的需要结束这段恋情。

此外，贝琳达也和朋友们谈过这个话题，希望他们支持自己离开保罗的决定。她已经想好，应在什么时候告诉保罗、怎么说这件事以及分手后如何打发时间。

## 分析后果

在心智化的过程中，我们可以看到意识的前四个意识领域（感觉、思想、情绪和行动）是如何相互影响的，以及其是如何影响到我们的拒绝敏感问题的。心智化可以让我们对自己有更深入的了解。

下面这项练习包括三个部分，其目的旨在帮助我们完成整个心智化的过程。因为练习覆盖很多内容，因此，在开始之前，我们应通读并认真核对珍妮的示意表 7–2（见本练习说明之后的示例）。

### 利用 STEAM 模型了解自己

按照这个练习，我们在关注自己的感觉、情绪和行动时，思考我们填写在表 7–2 中的想法。

**1. 在我们的日记本或是单独一张纸的顶部写下"感觉"一词。**

在下一行中写道:"在纠结于真实拒绝或是对可能拒绝的恐惧时,我的身体经常感觉到……"

另换一行,在中间画一条线,并在这条线的两端分别注明"积极的感觉"和"消极的感觉"。

现在,用我们所能想到的所有回答填写这张表。为了与我们的感觉联系起来,我们可能会发现,回想第四章"与共性问题建立联系"练习中确定的问题会让我们收益颇丰。

最后,认真考虑拒绝敏感问题造成的感官后果会如何影响我们的生活。再在页面最底部记录我们想到的所有答案。

**2. 再拿一页纸,针对我们的情绪重复上述步骤。**在页面顶部将"感觉"一词替换为"情绪"。将"我的身体经常感觉到……"替换为"我的心里经常感觉到……"。重复上述步骤。

**3. 在第三页的最顶部标注"行动"。**把"我的身体经常感觉到……"替换为"我经常采取的对策是……"。随后,再次重复上述步骤。

**4. 针对全部三页笔记,反思并研究我们在页面底部记录的全部结果。**反问自己:它们是否以及最终会如何强化我们对抗拒绝敏感问题的能力。比如说,在"情绪"一页上,我们可能会注意到,生自己的气往往与我们的自我批评有关,因为自我批评会促使我们尽最大的可能成为别人最好的朋友,或是努力实现朋友对我们的所有期望。

我们可以利用较长时间一次性完成全部练习，也可以用几天的时间分别完成三个部分中的每个部分。但无论你选择以何种方式完成练习，我们都会发现，整个过程可能要持续数天，甚至更长时间。

要了解我们自己的表可能会是什么样的，不妨看看珍妮在通过心智化强化自我意识时，在这张表中写了哪些内容。

表 7-2 通过 STEAM 模型了解自己：以珍妮的经历为例

| 感觉 |
| :-- |
| 在纠结于真实拒绝或是对可能拒绝的恐惧时，我的身体经常感觉到…… |

| "积极的感觉" | "消极的感觉" |
| :-- | :-- |
| + | − |
| 精力充沛（证明自己）| 头痛 |
| 机智敏锐 | 胸口紧张 |

一想到被拒绝，我的身体经常会感觉到紧张，整个人都觉得不舒服。这让我难以集中精力工作或是和朋友共同分享美好时光。尽管这会让我变得警惕，但也让我体会到一种强烈的自我保护意识——我认为，这是我试图保护自己免受伤害而采取的方式

尽管通过心智化得来的洞见均出自艰辛的努力，但新的洞见往往也容易被忽略。因此，为牢记并强化在心智化的过程中发现的新观念，我们可以把它们记录下来，或是和朋友以及治疗师进行探讨。如果有其他人支持我们的内心发现，这无疑是对我们最强大的支持和激励。

# 第八章

# 创建自我
# 接纳意识

　　珍妮很清楚这样一种观点：她不可能无休止地为其他人服务。她始终在刻意避开眼下朋友马上会抛弃自己的感觉，于是，她经常会不断地告诉自己：至少我是一个值得交往的好朋友。但是最近，她一直在关注 STEAM 中不同程度的自我意识，这也让她开始怀疑原本坚持的一个念头：说到底，自己在朋友当中就是一文不值。此外，她还产生了很多转瞬即逝的念头：觉得自己一文不值其实不过只是一种感觉而已。随着珍妮不断重复这句话：仅仅是因为我觉得自己一文不值，绝不表明我真的一文不值，她的质疑也开始变得日渐强烈。最初，这种感觉带来的烦恼几乎让她难以忍受。她总感觉哪里出了问题。但她不能否认的是，自己是个有爱心的人，也是个值得相处的朋友，而且不缺少真正关心自己的朋友。同样不能否认的是，她拥有让人羡慕的绘画技巧，她到现在还记得，在老师夸奖自己"有天赋"的时候，曾让她觉得有点不好意思。在努力回忆并接受这些积极体验的过程中，珍妮开始感受到越来越强烈的自我接纳意识。

对很多人来说，自我拒绝才是拒绝敏感问题的核心。自我拒绝使我们屏蔽自己与过往经历的联系。重温本书 STEAM 相关章节的介绍，可以帮助我们解决这个问题。总而言之，我们甚至会拒绝对"真实"自我的基本认识。在本章里，我们将会看到如何与自我体验中的自己建立联系，并更好地接受这个自己。

要做到这一点，我们必须接受两个最基本的前提。首先，人类天生就是不完美的。每个人都有自己的弱点和缺陷，而且都会犯错误。所有人都会体验到形形色色、多种多样的情绪，包括不同类型的情感痛苦——譬如伤痛或悲伤。心理学家克里斯汀·内夫把这种特性称为普遍人性（common humanity），而且她认为，这是人类体验自我同情意识的基本构成要素（我们将会在下一章里探讨这个话题）。

第二个前提似乎有点荒谬，以至于甚至不适合直言：作为一个人，我们每个人都拥有它所暗示的全部品质。最需要提醒的是，作为一个人就意味着我们都会有自己的有弱点和缺陷，都会犯错误，都要经历种种的情感痛苦。尽管这说起来似乎很简单，但我们却不太可能愿意接受这个前提。毕竟，完全接受这个命题就意味着我们不得不面对纠结、受苦，有时甚至被拒绝。这并不是因为我们生来就有问题，而是因为这些经历原本就是与生俱来的。

本章练习的目的旨在鼓励我们接受自己的全部人性，当然也包括我们的所有品质与禀赋。这就有助于我们与感觉良好的自我建立联系，并接受和欣赏这些品质。此外，这些练习还会引导我们接受这样一个事实：我们面对的所有纠结或问题，不过是我们生活中的一部分而已。因此，纵然我们不免具有这样那样的弱点和缺陷，会犯下各种各样的错误，但只要拥有强大的自我接纳意识，就会以积极的态度善待自己。关键在于，我们无须过分在意别人是否会接纳或是拒绝自己。

## 以自我肯定维持积极的自我意识

我们可以通过自我肯定（self-affirmation）的方法缓解拒绝敏感问题。这个概念最早由心理学家克劳德·斯蒂尔提出，他认为，思考重要的价值可以帮助我们在感觉面对威胁时保持积极的自我意识。斯蒂尔所说的"价值"是指我们所固有的，且能让我们感到乐观或自豪的任何事物，比如我们的某种特质、能力或是对生活意义重大的某种基本信念。**自我肯定并不是盲目地让我们更加有自尊，而是通过把我们的注意力引导到这些积极的事物上，以帮助我们以积极乐观的态度看待自己。**

　　珍妮认识到，自己是一个水平不错的画家，也是一个有爱心的人——尽管她在关爱别人的时候也会感到些许的不悦。但是，只要把注意力集中到那些积极的个人特质上，珍妮就会发现，她对自己的感觉也变得更积极。尽管珍妮依旧会担心遭到朋友的拒绝，或是不受同事的欢迎，但这些恐惧感的强度已开始有所减轻。此外，这些积极的反馈也让她感到更多的温馨和舒畅，比如说，有一天早上，和她一起健身的伙伴吉娜就发现了这个现象，"珍妮，你今天看上去真漂亮！"

　　研究表明，在以自我肯定方式认识自己时，人们会减少抵触性思维，更容易接受对情感具有挑战性的反馈。虽然自我肯定未必会彻底治愈我们对拒绝的敏感性，但至少可以缓解这个问题。我们可能会发现，在以积极的感觉看待自己时，我们就不太可能不加判断地假设其他人会以消极的眼光看待自己。如果确实有人对我们的所作所为提出异议或批评，那么，采取自我肯定的思维可以帮助我们坚持以积极的态度看待自己，让我们更有韧性。

## 总结我们的优势

　　要培育和利用自我肯定意识，首先需要创建三个列表，以确定我们所固有的品质、才华和价值观。按以下提示，把这些内容记录在我们的日记本上（或是其他纸张上）。

　　在这三个方面进行头脑风暴时，我们往往习惯于从列表中剔除"不重要"的方面——千万不要这么做。只要是我们想到的，就应该纳入这个列表中。比如说，你是一个值得交往的好朋友、一个手艺非常了得的厨师或是有一头漂亮的头发。你可以最大限度地弱化某些品质，但必须保证它们的存在。（如果觉得拥有漂亮头发这样的事情"太过肤浅"，以至于不值得引以为荣，那么，在剔除该项目之前，想想我们对其他"肤浅"的品质是不是也这么挑剔，比如刺耳的卡拉OK歌声音。）不管怎样，我们的所有优点都是我们整个人的综合肯定。

**列出我们引以为荣的个人品质**：比如说，我们可能觉得自己风趣幽默、坚持不懈、好奇、有爱心、善于社交、富有创造力或是头脑清晰、逻辑性强。

**列出我们的才华**：比如说，是一名优秀的木匠、出色的谈判者或是善于为别人排忧解难的人。

**列出我们在生活中所依赖的基本价值观**，比如说，诚实、正直、有同情心或是慷慨大方。

完成这个列表，我们即可创建一个可用于进行自我肯定的内在资源库。

## 肯定我们的优势

有了上述三个列表，我们就可以开始进行自我肯定的练习。为此，我们可以尝试以下的部分或所有方法。

**反思我们身上的积极因素**。选择我们认为对自己最重要的几个积极方面（不超过六个），它们可以是某一类别的几个方面或是所有方面。

　　留出安静时间——哪怕只有 5 分钟也可以，思考自己的这些品质、才华或价值观。思考最能代表这些优点的具体经历。如果因为其他想法、记忆或是对失败或拒绝的恐惧而分心，主动选择把思绪引向这些自我肯定的方面。进行自我肯定练习的目的就是把思维与我们引以为豪或是自我感觉良好的方面联系在一起。

　　**为自己创建一个口头禅。**很多人发现，按照某个方面对自己的重要性程度，制作一句可以每天重复的口头禅非常有帮助。比如说，珍妮发现，经常重复"我是一个有爱心、善解人意的人"这句话，会让自己获得非常好的感觉。当然，你的口头禅可以是："我是一个有见解、有思想的人"或者"我是个有创造力的人"。

　　**写下你认为对自己最重要，也是让自己最有价值感的方面。**这个方面对自己有特殊意义，它会让我们为自己而感到骄傲，让我们感到心情舒畅。请务必完整地回答以下问题：

- 你认定的这个价值观或方面是什么？
- 为什么这个价值观或方面对你非常重要？
- 描述你践行这个价值观或方面的一个时刻，比如说，它让你带来怎样的感觉，或者它为什么对你而言意义重大。

在完成对某个价值观的描述后，我们可以对另一个价值观或方面重复进行上述自我肯定练习。

## 排除我们的劣势

2013 年，帕布勒·布林诺尔（Pablo Briñol）及其同事进行了一项研究，对人的身体形象是否会影响自我认知进行了分析。他们要求试验对象在两张清单上分别记录如下两个方面：他们喜欢自己身体的哪些方面；不喜欢自己身体的哪些方面。然后，要求他们扔掉其中的一张清单。在扔掉其中的一张清单后，他们受这些因素的影响也会相应减少。相反，他们放进口袋里的那份清单则会给造成更大的影响。

尽管这项研究重点关注的是外在形体特征，但针对其他特征，我们也得出了类似结果。强化对自己的积极感觉或许有助于我们克服拒绝敏感问题。

### 让积极要素与我们如影随形

回顾"总结我们的优势"练习中填写的内容。然后，找两张单独的纸张。此外，我们也可以使用智能手机完成这个练习，但很多人都发现，用语言文字描述自己的想法，这个过程本身就具有治疗效果。

**在其中的一张纸上列出我们在自己身上发现的积极特征。**这个列表可以无所不包，譬如我们的身体特征、性格特征或是我们掌握的技能。

**在另一张纸上，列出我们在自己身上发现的负面特征。**快速完成这个负面清单。但需要提醒的是，不要花费过多时间、事无巨细地去描述自己的负面特征。

**扔掉（或删除）第二张（负面）列表。**

把第一份（积极）清单放在口袋里。也可以把它保存在自己的手机中。但无论哪种方式，至少让这份清单随身陪伴我们一整天的时间，当然，时间更长一点或许效果会更好。

为提高练习的有效性，可以每天有意识地进行这项练习。在完成全部练习的那一天，从口袋里拿出这份清单，认真对照。第二天早上，再字斟句酌地阅读这份清单，然后，再把它放回我们的口袋。每天持续做这件事，直到我们觉得这项品质已在自我意识中根深蒂固。

在高中夺冠后的很长一段时间内，查德依旧很享受打棒球的快乐，但是现在，这种乐趣已不复存在。他的脑子里已满是这样的想法——如果体能不行了，我就没办法打出曲线球了，该怎么办？如果我让他们失望，他们永远都不会原谅我。

## 让自己去感觉美好的事物，带着美妙的心境继续前进

如果像查德一样，完全被消极的自我意识所支配，那么，我们就无法接受自己的积极方面，而积极参与自己喜欢的活动，则有助于我们提高对自己的接受度。这些活动既可以是我们倾注大量激情的嗜好，也可以是生活中貌似微不足道的快乐或舒适，两

者皆不可缺。但是，仅仅开展这些活动还不够，我们还要在这些活动中体会到好的感觉。因此，在我们享受做一件事的快乐时——不管是真正参与这项活动，抑或仅仅是回忆这件事，都不太可能陷入负面情绪或是在被拒绝感中不能自拔。

这些享受性活动体现为如下四个方面。为了让这些要素融入我们的生活中，可以尝试如下方法：

**1．找出能给我们带来舒适、快乐和激情的事情**：能给我们带来积极感受的活动可能不计其数。比如说，我们可能喜欢使用手机玩游戏、开车兜风、在公园里散步或是计划一次浪漫的约会。把我们认为能带来快乐的活动，记录在我们的日记本、单独的纸张或是手机中。然后，写下我们喜欢的但未包含在表 8 – 1 中的活动。

表 8 – 1　快乐活动一览表

| 听音乐 | 白日梦 | 规划一次假期 |
|---|---|---|
| 看一部有趣的电影 | 外出就餐 | 打一场迷你高尔夫球 |
| 玩拼图 | 做志愿者 | 开车外出兜风 |
| 帮助别人 | 做按摩 | 喝咖啡、喝茶 |
| 跳舞 | 景观美化 | 浏览书店 |
| 骑自行车 | 维修物品 | 做美食 |
| 学习新技能 | 做手工 | 打牌 |

**2．开始行动**：下一步就是开始做我们想做的任何事情，或是做我们觉得最容易的事情。

如果我们正处于消极或是沮丧的状态中，那么，我们可能会觉得参与这些快乐的活动已超出自己的能力范围。此时此刻，我们根本就没有这样的精力或动力。幸运的是，从本能出发，人们更喜欢进行能带来活力并激发积极情绪的活动。因此，不妨选择一项挑战性不大的活动，尝试着去体会它带来的快乐。随心所欲地开始练习，每次进步一点点。

此外，我们还可以通过其他方法开始这项练习。和朋友共同规划一项活动作为起步，这样我们就会对这项活动更有积极性而不容易轻易退出。另一种选择就是允许自己在初步尝试后可以主动退出。

在进入三月份之后，查德始终感到非常沮丧，因此，他已开始考虑不得不放弃报名参加棒球比赛。他知道，在春天的赛季重新走上赛场可能会让他感觉更好，但他觉得自己没有这个能力。但是，他最终还是决定尝试一下，并向自己保证：如果结果不如意，就随时退出比赛。尽管查德是个喜欢自我批评的人，但他还是意识到，和队友一起在球场上挥汗如雨、闻着新鲜草坪释放出的清新气味让他感觉到真正的享受。而且，所有队友的赛场表现都因为年龄的增长而有所下滑，这无疑也让他感到一丝的安慰。

**3. 享受当下**：在做自己喜欢的事情时，我们自然会感到精力充沛，进而全身心地投入其中。但是和查德一样，很多人都在为"假想"的困境而苦苦挣扎：如果我年纪太大以至于投球水平大打折扣，该怎么办？如果我的临场表现让队友感到失望，该怎么办？一旦意识到我们已陷入这个自我定义的怪圈，只须选择让自己回归当下。关注我们此时此刻正在做的事情。没有人能预见未来——即使几分钟之后的未来也有可能发生我们无法预知的事情，而查德所担心的正是在下一局如何面对对方最优秀的击球手。如果我们意识到自己正在享受此时此刻，哪怕这种享受微乎其微，我们也应该停下来，去充分感受这个瞬间带给我们的美好感觉。

观察恐惧感或是被拒绝感对我们的影响是如何减弱的——甚至只是消失一段时间。或许我们感受到的不完全是快乐，但哪怕只是轻松一点也有好处。此外，考虑我们是否全身心地投入自己正在做的事情——哪怕只是在短时间内实现了这样的投入，而不是只盯着消极的自我意识或是对拒绝的恐惧。

**4. 思考愉快的经历**：当看到上文列出的活动时，请回忆我们从中体会到享受感的情境。花时间去细化这些记忆，以便于重新感受这种活动带来的体验。此外，想想我们是否希望重新体验这种感受。同样，在我们考虑尝试另一项活动时，可以预测一下我们可能获得的体验。

使用部分或全部策略，我们即可开始练习，并取得良好的体验。我们的兴趣点、针对这些兴趣点采取的行动方案以及从中获得的乐趣，都是我们生活体验中不可分割的一部分。"拥有"这样的体验越多，我们对自己的感觉就越好，因此，我们就越是愿意与他人分享自己的这些体验。

## 像对待朋友那样看待自己

当五岁的女儿再次问要去哪里时，玛雅厉声说道："我到底需要告诉你多少次?!"随后，她开始唠叨自己的女儿从来就不喜欢听别人说话。但几分钟之后，玛雅便恢复冷静。该死！我又没有控制好自己。玛雅感叹道，我觉得自己真是个可怕的妈妈。但是随后，玛雅想起自己一直在思考的一件事——她猜想，自己的朋友埃利斯肯定也在承受着这样的压力，比如失眠。玛雅意识到，真的不应该再批评埃利斯，相反，她完全可以"了解"自己的朋友在那一刻是如何情绪失控的。

虽然玛雅通过理解另一位母亲的处境而联想到做母亲的本性，但她还是认为，从根本上说，自己是有缺陷的，而且这恰恰是她应该自我批评的原因。学会把自己看作普通人——既不是高高在上的圣人，也不是低人一等的俗人，玛雅在改善自我接纳意识方面实现了飞跃式进步。于是，她开始以更多的自我同情和自我关爱对待自己。

以下练习可以帮助我们像对待朋友那样对待自己。

### 做你自己最好的朋友

通过以下方式，我们可以学会以更高的自我接纳意识对待自己：

**设想有一个朋友——他们与自己处境相似，而且也在因此而自责。**如果无法设想类似情境，不妨完全假想这样的情境。

**关注我们自己的反应。**在这里，我们需要注意的是，如何理解朋友的反应也只是"人"的正常反应，只有这样，我们才能以同理心和同情心看待朋友的问题。面对朋友所处的境地，如果我们的评判多于同情，那么，我们就有必要花更多时间去分析这些朋友的经历如何促使他们做出这样的反应。

**尝试换位思考，站在同样的立场看待自己。**关注我们对自己给予更多同理心或同情心的转变——即便这种感觉只存在于片刻。

**以更强大的自我接纳意识对待自己。**在某些时候，我们进行这项练习可能会取得更好的效果。但可以肯定的是，只要持之以恒，我们就可以获得容忍和控制自我情绪的能力，了解自己的行为和问题，并对拒绝敏感做出更有建设性的反应。

如果这些练习不能激发我们以同情心对待自己，就需要我们进一步在 STEAM 的其他领域培育基本的自我意识，而后再重新尝试这种方法。

## 由外而内地认识自我

如果我们很容易被某一次具体的拒绝回忆所控制，那么，换位思考，从外人的视角观察自己（就像我们在上一节中所采取的做法），有助于我们培养更强大的韧性。这不仅会降低我们的情绪强度，而且会增加我们对情绪的忍受力。情绪超出可承受范围带来的问题不容小觑。如果尚未阅读（或是已经忘记）第二章中的"守住忍受力极限"部分，请马上阅读这个部分。该部分解释了身体对被拒绝感做出的种种反应。

通过下面的练习，我们可以从外部视角回看以往被拒绝的痛苦回忆，从而帮助我们更好地接纳情绪并提高我们的情绪容忍极限。考虑到这项练习涉及更高深的知识，因此，一定要确保我们已通过相应的学习提高了我们在感觉、思想、情绪和行动等领域的意识能力。此外，鉴于这项练习可能引发的情绪，我们可能还会发现，有必要简要回顾第二章中的"学习自我安慰"和"正念练习的诸多益处"等部分，帮助我们将情绪维持或是恢复到可以忍受的极限范围内。

## 在脑海中播放电影

下面，我们即将在脑海中观看一部电影，或者说，以"电影般"的感觉重现我们纠结于被拒绝而痛苦的一次回忆。在这个过程中，我们要像坐在真正电影院那样，观看我们亲自扮演的这场电影，让自己置身于电影的场景当中——但值得欣慰的是，我们并不需要真正回到当时的场景中。

**确定我们想观看的场景**。它可能是已经发生的事情，也可能是我们担心会发生的事情，比如说，上司给我们打出糟糕的绩效评估。但必须确保一个标准：这个情境既要有一定的挑战性，又不能超出我们的忍受极限。通过这个练习，我们会掌握如何提高对回忆情境的忍受能力。

**在做好准备之后，找个不会受到打扰的环境冷静下来。**保持轻松舒畅的心情，让自己平静下来。闭上眼睛，做几次深呼吸，用鼻子吸气，用嘴呼气，保持呼气时间长于吸气时间。

**想象我们自己就身处电影院。**你是这场电影的播放员，这样，你就可以随时保证这部电影的每个情节都处于自己的忍受范围之内。在播放过程中，你可以通过进行暂停、静音，甚至转换到黑白电影模式，调整播放方式以确保观看体验不至于过度强烈。但这些操作的前提就是要牢记：我们只是在自己的脑海中观看这部电影，我们的目标就是要确保对电影情节有足够的投入，既要达到一定的水平，以增强我们的唤醒感；又不能太多，以至于超过我们的容忍极限。

反复练习，重复播放相同的情节，直到可以接受更高负荷的情绪强度为止，也就是说，我们对情绪的容忍能力得到了提高。

为了在总体上提高承受拒绝的韧性，我们可以利用其他拒绝事件继续这项练习。如果我们的记忆对生活构成了侵害，而且过于强烈以致无法调整，或是尝试这个练习会让我们痛苦无比，那么，干脆关掉放映机。根据这些记忆给生活带来的侵害和痛苦程度，我们可能需要求助专业治疗师，协助自己更好地应对这些经历。

## 了解真相：我们不仅称职，而且配得上尊重

我们可能会因为觉得自己在某件事情上犯错而备受煎熬，或是陷入外表、智力缺陷或是某些难以名状的问题而无法自拔。但不管问题是什么，这些缺陷导致我们无法与他人相提并论的感觉过于强烈，以致我们坚信事实就是如此，我们确实技不如人。而这也是让我们坚信必定被拒绝的原因。

但或许我们的判断并不正确，该怎么办？也许我们在很大程度上与其他人并无区别。当然，这并不是说，我们无懈可击，没有任何缺陷或弱点。但如果其他人也有这些缺陷，该怎么办？也许，做好自己就有价值，或许我们的价值也只在于做我们自己。各位或许觉得不服气？不妨设想这样一个场景：

我们正坐在附近公园的一棵大树下，看到几个小学生在操场上玩耍。看着他们跑来跑去，在秋千上玩耍，快乐地在滑梯上爬上滑下，我们的脸上也会露出会心的微笑。然后，我们又注意到，一个男孩坐在自己身边的长凳上。可以发现，他也在专心致志、羡慕不已但又心有不甘地注视着这些孩子。我们可以想象，这个男孩很想加入这些游戏，但又害怕被嘲笑。那一刻，我们对

他会产生怎样的感觉呢？

我们是否会判定这个孩子缺乏价值感或者没有价值呢？我们会思考他是个怎样的失败者吗？或是为他内心的挣扎而感到难过，希望他能克服恐惧并加入到其他孩子的游戏中呢？

如果我们的反应是后一种——希望他能加入孩子们的游戏，这说明，尽管他并未履行玩游戏和参与社交的"责任"，但我们在内心还是看好这个孩子。我们觉得这个孩子值得称赞，尽管我们并不清楚他是否会努力实现这些价值。每个人都有这样的内在价值——我们自己当然也不例外。

在思考这个问题的时候，我们会发现，我们不仅理解，甚至赞同这个结论，只是感觉无法将其用到自己的身上。这没关系。如果说，这个类比能让我们认识到，我们只是拥有价值的可能性，这就应该足矣。经常想想上述示例中那个小男孩的身影，想想他为我们认识自我价值带来的影响。

同样，不妨关注我们本能地表现出的关心他人痛苦或困境的情境。在我们的直接互动者身上——比如一位因受到上司批评而感到不安的同事，我们就会看到这样的反应。或者说，我们还可以挑战一下自己，想想那些远离我们生活半径的人，比如新闻报道提到的难民或我们开车经过的一家医院中的患者。想想，我们对这些人的关怀感，或许只是因为我们同属于人类，而不是出于他们对世界做出的具体贡献。

## 金缮：在支离破碎中发现美

仅仅因为存在便拥有价值的想法确实难以理解，尤其是在我们内心遭受沉重打击时。同样无法理解的是，我们的价值并不取决于我们所取得的成就，尤其是在我们认为自己的成就还远远不值得称道的时候。为了解释这些模棱两可的概念，我们不妨考虑传统的金缮艺术（kintsugi）。

金缮就是用黄金或其他贵金属重新拼接和固定陶器碎片，对破碎的陶瓷艺术品进行修复，并完全展现艺术品过去的"伤痕"。虽然修复后的物品不缺少美学价值，但作品真正的美在于人与艺术品之间的关系。它的美体现在对陶瓷艺术品生命的尊重，包括以往遭受的种种损坏。

同样，要真正认识自身的价值，首先就需要我们珍视自己的人生旅程。当母亲看着怀胎十月长出的妊娠纹时，她们会露出会心的微笑，这就是经历带来的美好。那些在童年时期遭受过虐待的人会发现，他们对其他人的相同遭遇同样非常敏感，这种敏感并不是来自他们自身的痛苦，而是因为他们的相同经历。因此，这里需要提醒的是，把破碎或不完美视为生活历程中不可分割的一部分，并不意味着我们"应该"为曾经忍受的痛苦而高兴。但我们应该理解并赞美我们克服困难的勇气和力量，在由此汲取的教训中发现价值，并对自己所拥有的韧性心存感激。

## 看到最美丽的自己

我们可以通过练习，学会以不同方式与自己的问题关联起来，从而把我们的破碎感转化为一个全新、美丽的自己。为此，我们可以采取如下三个步骤：

**对我们认为可接受的事情发出质疑。**重新审视我们的信念：我们必须以某种特定方式才能获得价值。重新考虑这个"既定条件"——要获得他人的接受或爱戴，我们必须拥有足够的金钱、有足够的魅力或优雅的言谈举止、拥有令人羡慕的体型、擅长某项运动或成为某个领域公认的人才。

**练习有意识地去接受自己的局限、弱点或失败。**一旦我们认识到，真正的缺陷并非我们自己，而是对某种特定方式必要性的过度强调，那么，我们就会发现，不完美或许并不是其他人拒绝自己的真正理由。

**学会接受和欣赏自己。**考虑一下，接受我们自认为拥有的种种不完美意味着什么。作为一个人，种种的不完美是否会让我们丧失价值？其他人是否会没有选择，甚至会因为我们的"不完美"而接受和重视我们吗？

通过练习，学会对自己的所有方面进行自我接纳，从而为我们创造一个进行自我治愈的机会。

在享受更积极的自我形象时，我们即可采取措施克服自我拒绝以及对他人拒绝的敏感性。下面，我们不妨以系统分析师安德鲁为例，看看他是如何学会在各种负面认识中发现自己的优点的。

**对我们认为可以接受的事情发出质疑。**以前，安德鲁始终认为自己是个有智慧、有逻辑而且善于解决任何问题的人，但是现在，他开始对从这些正面自我认识中发现的价值产生怀疑。安德鲁发现，每当不能解决出现危机的人际关系或是实际问题时，他的自尊心都会受到沉重打击，而且经常会因此而沮丧。安德鲁担心，其他人会认为自己没有资格成为他们的朋友，于是，他会主动让自己与其他人隔离开来。

**练习有意识地接受自身局限、弱点或失败。**当安德鲁一门心思地想着要解决每个情境或是每个问题时，他意识到，这需要他去完成一项不可能的任务——无所不知，无所不能。基于这样的认识，每当面对无法改变的事情时，他都会感到加倍的悲伤和无力。此外，每当感到无能为力时，安德鲁都会本能地以各种消极观念去看待自己。

**接受并欣赏自己。**清晰的思维、解决问题的能力以及对他人的同情心，这些都是安德鲁的优点，而且它完全可以把自己的关注集中到这些方面。此外，他还喜欢给朋友带来笑声。而且他也意识到，要对自己感觉良好或是让别人喜欢自己，也不需要自己"搞定所有事情"。

## 争做强者：学会寻求帮助

对珍妮来说，自卑只是对事实的一种表述，就像我们会说：阴天的天空永远是灰暗的。她习惯于不和任何人谈论这种事情，但是在失去一位大客户的时候，她终于无法按捺情绪的闸口，把所有心里话一股脑地倾诉给自己的朋友贝丝。她说："我就是觉得自己还不够优秀。而且我明显不擅长做这项工作。我知道，这听起来很可悲，但我还算幸运，虽然我是个失败者，但还是有人愿意和我一起出去玩。我只是觉得自己好孤单啊。"她甚至想到，贝丝再也不会和她说话了，但令人惊讶的事情发生了。贝丝分享了自己的看法，"你根本就不是失败者，我很清楚你的感受。因为我也经常会想，自己的生活是多么的没有盼头，没有希望；我也感到非常害怕和孤独。"当互诉衷肠之后，两位女士都感觉到她们不再那么孤单，生活中也少了很多绝望。

很多人担心，示弱和寻求帮助会让自己失去朋友。但是很多情况下，我们每个人确实都需要帮助。这也是人类这个群体社会的一个基本要素，就像每个人都会有各自的弱点、都会犯错误一样。承认自己的问题需要勇气和力量，同样，要我们承认自己无法独自承载压力时，也需要勇气和力量。

一旦确定我们需要帮助，那么，我们就需要明智地选择——

应该求助于谁。我们都想去求助一个支持、关心我们而且又值得我们信赖的人。在讨论情绪问题时，客观镇定的人更善于帮助我们冷静下来。此外，我们还要寻找他们愿意提供帮助的迹象，比如说，他们通过电话询问我们的工作进展情况。针对如何寻求帮助，可以考虑下列技巧：

**选择一个合适的时间。**例如，当朋友全神贯注于自己眼下的事情时，向他们张口求助显然是不合时宜的。如果自己认为眼下就是寻求帮助的最佳时机，就应当机立断，千万不要丧失机会。

**澄清自己的需求是什么。**如果我们很清楚对方到底需要什么，那么，我们就可以提供最有针对性的帮助。因此，尽可能澄清自己的需求——我们需要的到底是情感支持、征求建议、现实帮助还是其他方面。在沟通中，要把握好自己的观点和立场。如果因为过于情绪化而导致无法进行理性思考，那就干脆发泄出来。但务必以开放的心胸接受朋友的支持。如果是征求建议，就需要认真倾听对方提出的观点和想法，并在可能的情况下与对方一起头脑风暴。我们寻求帮助的方式越是开诚布公，朋友就越有可能为我们提供持续有效的帮助，而且双方在这一过程中得到的体验也会越好。

**最后需要提醒的是，当朋友需要我们的时候，不要退缩。**尽管朋友的问题可能不同于我们的问题，但有一点是肯定的：任何人都会遇到各种各样的困难。因此，我们应学会倾听，并成为朋友的支持者。帮助别人，不仅能给我们带来良好的感觉，还有助于我们充分意识到，在需要帮助的时候，我们永远不会感到孤单。在培育有难相助、有乐同享的人际关系时，我们可以借助这些安全可靠的关系，形成一种他人情感可用性的总体看法（或模型）。在这个转变过程中，我们会进一步强化自己的安全型依恋风格，远离拒绝感和拒绝恐惧所带来烦恼。

当自我价值和自我批评的痼疾主宰我们的情感和理智世界时，我们应该有意识地去动用内部资源，或是求助外部资源，帮助我们走出心理陷阱，以韧性抵御自我否定意识的侵袭。这就要求我们利用 STEAM 模型提供的自我意识，主动地去同情和接受自己。此外，我们还可以主动选择去接受他人的积极反馈。增强自我接纳意识可能会增强自我同情意识，但至少会让我们认识到，要主动去开发和调动这种资源，这也是我们在下一章里即将探讨的主题。

第九章

# 培养富有同情心
# 的自我意识

在挂断琳达的电话时，查德轻声说道，"我爱你。"尽管琳达只是在帮助母亲进行中风康复，但查德还是有意识地提醒自己——"她爱我"，以此来控制对被拒绝的恐惧。他不遗余力地维持着这种来之不易的自我意识：因为害怕失去琳达，我的心跳正在加速……我想知道，她是否还对以前的男朋友鲍勃恋恋不舍，因为她会经常提到这个人……但我不能这么想。我知道，让我认为她会离开我的唯一原因，就是自己以往对拒绝的恐惧使然。但通过我们的谈话，我很清楚，这并不是真的。随后，查德再次提醒自己，琳达一直在向他表明，她爱我。正是这些自我意识和自我对话，最终让查德的心境平复下来。但恐惧感随即便再次袭来。而这样的循环重复不已。"该死的！我到底出了什么问题?！我真是个笨蛋，这完全是无中生有。再这样下去，失去琳达也只能说是自找的!"

虽然查德对自己的内心纠结已经有了更深入的了解，而且也取得了很多进步，但是，这种自我惩罚的方式最终只会进一步加剧他的痛苦。但有趣的是，他始终能以更富有同情心的方式对琳达做出反应。琳达对母亲病痛的挂念，也让查德感到心痛，他希望自己能为琳达做点什么——不管是什么事情，不仅有助于减轻琳达的痛苦，也让自己找到一丝安慰。如果能以类似的同情心对待自己，那么，查德就应该认识到，自己的苦恼是因为付出了真诚的努力，但却无法摆脱对拒绝感的恐惧。他原本可以更温和地对待自己，让自己无须杞人忧天：当然，我只是害怕失去琳达而已。她已经离开了一段时间，现在会离开更长的时间。尽管我已经很久没有对这种恐惧出现反应过度的情况，但眼下的情况很有可能让我旧病复发。如果其他人处于我的位置而且感到难以应对，我当然理解他们的处境。但我也应该用这样的态度对待自己。我只需要继续花时间去思考这个问题，并随时提醒自己：我们的关系非常牢固。

　　学会以同情心的视角理解和对待自己——或是以同理心的视角看待自己的经历，并抱有减轻痛苦的愿望，我们就是在培养富有同情心的自我意识。有了这种能力，即使试图自我批评或是迷失在情绪痛苦当中时，我们依旧会努力克服自己的拒绝敏感问题。

要获得富有同情心的自我意识，首先我们需要改善在 STEAM 各领域的自我意识。这会帮助我们以更强大的同理心对待自己，从而获得自我接纳意识——这也是形成自我同情的另一个基本要素。不过，即使我们纠结于这个问题，依旧可以通过努力提高自己的自我接纳能力，如第八章所述。最后，我们必须以关心和体贴去善待自己。也就是说，我们必须从抚慰痛苦和希望停止痛苦的情绪点出发，对我们的痛苦做出反应。

我们可能会感到疑惑，自我同情（自我关怀，self-compassion）和富有同情心的自我意识之间（compassionate self-awareness）到底有什么区别。这的确是个值得探讨的问题，因为这两个概念确实非常相近，只不过它们的侧重点有所不同而已。自我同情强调的是在面对痛苦和苦难时要善待自己。此外，它还需要我们了解自己的经历，并以同理心看待这些经历。而富有同情心的自我意识则更强调意识层面，因为"富有同情心"这个词描述的正是这种意识的特征和质量。它强调的是以富有同情心的自我意识面对痛苦和苦难。这就可以激励我们以友善和同情心对待自己。

在深陷痛苦时可以选择主动善待自己，主动练习我们的自我同情心。但很多人并不完全了解自己的负面自我意识，这就会破坏自我同情意识的作用。我们无法以同情心看待自己的经历，导致我们缺乏自我接纳意识，因此，我们自然没有足够的动力去关心或善待自己。在这种情况下，我们就需要集中精力去提高自我意识，刻意转向自我同情意识。不妨以查德在与琳达交往过程中实现的个人成长为例。

如果在两个人交往的最初阶段，琳达就不得不照顾生病的母亲，那么，查德或许很快就能克服拒绝敏感的侵扰。在无从了解自身感受的情况下，无论怎样激励自己的自我同情意识，都无法让他做出不同反应。但是在后期交往中，在学会增强自我意识之后，查德能更好地理解自己的反应，从而以对自己更宽容的方式看待这些反应，并对这种反应产生更多的同理心。这就让他拥有了更强的自我同情意识，或者说，至少他能在提示的情况下去唤醒这种意识。

本章的侧重点是在其他章节讲述的提升自我意识和自我接纳的基础上，进一步培育自我友善意识（self-kindness）。其中，第一部分探讨了自我同情带来的好处。在第二部分中，我们将讨论人们在以同情心回应自己的过程中遇到的常见问题。本章的其余部分将指导我们学习如何有意识地去善待自己，对自己更富有同情心。

## 针对同情的研究与探索

通过更多地了解同情心（compassion），我们会进一步认识到，这种思维如何帮助我们克服拒绝敏感问题。在佛教思想中，慈悲（也被称为"compassion"）被视为获得启蒙的前提。但长期以来，西方心理治疗方法通常只是假设或暗示它在成长和治愈心理疾病方面的重要性。不过，通过最近的更多研究，西方人已开始对这个概念有了更深入的理解和认识。

正如我们在阅读本书时可能发现的那样，个人历史会对我们与自己及他人的联系方式带来巨大影响。英国临床心理学家保罗·吉尔伯特在研究中进一步发现，早期的经历和依恋风格不仅会带来羞耻感和自我批评，还会导致人们在自我安慰和平复自己的能力方面出现缺陷。但幸运的是，人们可以通过学习，掌握进行自我同情的属性和技能，培养内心的安全感与温暖感。尽管吉尔伯特针对同情的研究较为宽泛，但它足以揭示出自我同情对克服自我批评偏见的重要性。

有趣的是，作为心理学家和研究自我同情领域的知名学者，克里斯汀·内夫验证了构成自我同情意识的三个基本要素，并且与吉尔伯特归纳的基本属性高度吻合。这些元素与富有同情心的自我意识也极为相似。内夫总结的三个要素分布为：正念（类似于自我意识）、普遍人性（与自我接纳和心智化有关）以及自我善待。因此，尽管自我同情不同于富有同情心的自我意识，但内夫提出的自我同情概念不仅影响了富有同情心的自我意识，而且与后者有诸多重叠之处。

对比自我同情和依恋风格时，我们会发现，两者显然是相互影响的。强化我们的自我同情心，可以让我们感到更安全，对拒绝也不那么敏感。此外，强化自我同情心和安全依恋，还可以让我们在其他方面受益。

例如，它会有助于我们在如下方面取得收获：

- 积极的感觉
- 自我认同
- 生活满意度
- 责任心
- 社会联系
- 情侣关系的满意度和健康性
- 有效的压力管理技能
- 幸福感

增加自我同情心可以让我们在沮丧时安抚自己，在接受他人安慰时获得慰藉，并提高我们对被忽视、被抛弃或是被拒绝等压力事件的适应能力。

## 自我同情不适合我

每当听到"自我同情"这个词的时候，你是否会心存顾忌或者在心中竖起一堵墙？如果是这样的话，相信你一定是个值得交往的朋友。很多人会出于诸多原因而做出这种反应——但其实这都是对自我同情的误解。阅读如下原因，并根据提示展开思考。

**表现自我同情就意味着我是个以自我为中心的人。**很多人担心，如果关爱自己的话，他们会把自己视为宇宙的中心。但事实是，要经常性地去关心他人，我们首先需要照顾好自己。

设想一下，当飞机遇到紧急情况，氧气面罩掉下来的时候，空乘人员会向乘客发出如下安全指示："如果您的孩子或其他人需要帮助，请先为自己戴好面罩，然后再帮助其他人戴好面罩。"他们之所以这么说的原因是，如果你自己因缺氧而昏倒，自然也就无法帮助其他人。因此，记得提醒自己：在希望照顾他人之前，先照顾好自己。

有些人忽略了最基本的自我关爱，比如健康的饮食、锻炼身体或是充足的睡眠。有些人为了照顾他人而放弃了自己的全部爱好。这种无私只会让他们精疲力竭，他们照顾自己或他人的能力也会因此而大打折扣。此外，这还会导致消极对待自己，或是对他人感到不满。

**花点时间想想：**如果我们担心，以同情心对待自己会让我们成为以自我为中心的人，那么，不妨抽时间考虑一下，忽略或者试图拒绝自己的经历会给我们带来哪些影响，包括我们关心他人的能力。然后再想想，更好地照顾自己会如何影响我们服务于他人的能力。

**自我同情等于自我怜悯。**这是两个完全不同的概念。尽管它们都强调自我，但区别在于，只有自我同情才包括自我接纳以及克里斯汀·内夫所说的普遍人性——所有人天生都是不完美的，而且都会难免有痛苦的情感经历。

在面对拒绝时，"自我怜悯"会说："我又被拒绝了。我觉得自己真的是一文不值，而且就像个可怜的人。我总是出错。"而"自我同情"则会说："我又被拒绝了。尽管这很痛苦，但我知道，所有人都难免被拒绝。这只是我们生活中的一部分而已。"

自我怜悯会让我们感到孤独，觉得自己没那么重要，而自我同情则接受我们作为人所经历的全部体验。这意味着，我们如何感受并不是特例，都是人之常情；而且这种感受无论如何也不表示我们作为个人而存在问题。

**花点时间想想**：如果因为害怕招致自我怜悯的问题而继续对自我同情嗤之以鼻，那么，不妨在我们的问题中去寻找人的共同本性。需要提醒自己的是，很多人和我们一样，也在纠结于拒绝问题。

**如果拥有自我同情，我就会变得懒惰**。我的患者经常会说，他们觉得，自我同情会让自己心安理得地做旁观者。他们担心，如果放弃对自己采取更强硬的自我批评立场，他们注定只会成为懒惰的失败者，没有人愿意和这样的人为伍。

虽然自我批评有时会激励我们努力工作，但也会让我们缺乏良好的自我感觉。在面对任务时，他们无法从成功中获得享受，于是，他们往往会选择放弃。另一方面，如果善于宽容和体贴自己，那么，即便是对某种情境感到不安，他们也会找到良好的自我感觉。随后，他们就会拥有更强大的内在力量，继续尝试去修复人际关系问题或是处理自己的重要任务。

**花点时间想想**：这种思维方式可能根深蒂固，因此，要转变它显然需要投入一定的时间和努力。继续努力培养自己的思维能力，强化你的自我接纳意识。我们可能会发现，复习第七章"心智化"中的"完美并不常见，缺陷才是永恒"一节，对培育这种能力尤为重要。

**我配不上自我同情**。有些人拒绝自我同情，是因为他们觉得自己一文不值，或是能力不足。有时，他们会因为不受别人重视而愤怒，甚至觉得自己确实无关紧要。在这些人看来，他们认为自己不值得善待，配不上他人的理解。相反，他们反倒觉得自己活该被拒绝，这样的感觉很痛苦。

**花点时间想想**：如果你也存在这个问题，请温习之前的章节。但关键在于，我们需要通过 STEAM 练习提高自我意识，并挑战自己去加强自我接纳意识。我们可能会发现，复习第八章"创建自我接纳意识"中"了解真相：我们不仅称职，而且配得上尊重"部分尤其有助于解决这个问题。我们需要随时提醒自己，要有耐心，因为解决这个问题往往需要大量的时间和毅力。

如果在完成本书中的练习之后，我们依旧强烈反对我们不仅有价值而且值得被尊重的想法，那么，不妨考虑寻求专业帮助，也许可以把这本书作为心理治疗的一个模板。

在继续内心之旅的过程中，我们可能会频繁、本能性地拒绝善待自己的想法：我们应该更好地了解自己，我们应以同情心对待自己。在意识到自我抗拒问题时，我们应选择更主动地去认识抗拒。以上述方式质疑自己的情绪化反应，有助于我们不断强化富有同情心的自我意识，并以更强大的韧性面对拒绝。

## 学会健康的生活方式

就像很多害怕被拒绝的人一样，珍妮同样非常在意别人的看法，以致根本没有机会照顾好自己。曾几何时，她也尝试过更健康的生活方式，比如说，让自己吃得更健康，或是经常参与体育锻炼，但最终均以惨败告终。因此，在开始考虑改变现状以克服面对的障碍时，她只能适当调整，并维持这些变化。

在寻找改善身心健康的方法时，不妨考虑构成健康生活方式的如下要素：

- 充足睡眠
- 健康饮食
- 定期锻炼

- 稳固的社会交往关系
- 与更大的事物建立关联（如宗教或更大的团体）
- 对个人有意义的活动

关注这些活动意味着关注我们自己，对那些只想着规避拒绝或是证明自身价值的人来说，这可能非常困难。如果无法保持健康的生活方式，那么，不妨留出不受干扰的时间完成以下练习。

## 打造健康的生活方式

考虑以下问题，并在日记本（或是一张纸）中记录自己的回答。

**我为什么要改变？** 思考这个问题，关注我们希望得到的结果，从而增强我们不断去追求的动力。因此，请认真考虑这个问题。

**要实现这样的生活方式需要做出哪些改变？** 我们必须改变自己的生活方式，以便为新的健康习惯创造空间。考虑一下，我们需要对自己的生活做出哪些调整。

**在思考这些调整时，我们会产生怎样的感觉并得出怎样的想法？** 我们会产生形形色色的感受。但我们需要重点关注内心深处感受到的东西——尤其是被拒绝、被遗弃或能力不足等问题。

**我们如何看待自己的感受？** 承认并接受自己的感受，让自己努力去理解这些感受，然后，思考自己的真实想法。

**我们应如何克服阻碍健康生活方式的绊脚石？**不断重申我们需要进行的调整。此外还应记住，这个问题不仅关乎我们实际需要做什么，还体现于如何管理我们的情绪。

**改变对我们的重要性如何以及它为什么如此重要？**回答这些问题可以给我们提供更强大的激励。

**我们的未来计划是什么？**编写一份具体的计划，包括每个步骤的细节以及针对情绪问题的解决方案。

定期回看这个计划，比如说每周一次，这有助于我们坚持下去，并最终实现这个计划。此外，我们还会发现，为自己的坚持提供奖励也是一种有效的激励方式。

需要提醒的是，大多数人都会在不同程度上去追求健康的生活方式。但借助某种形式的反省和规划，我们实现转变的努力更有可能取得成功。了解和接受自己的需求，我们就更有可能以善待自己的方式去满足需求。在关注这些需求时，即使面临着对拒绝的担忧，我们也会有更好的自我感觉。

不妨看看珍妮如何通过反思对上述问题的回答，为自己打造更健康的生活方式。

**我为什么要改变？**多年来，尽管珍妮纠结于体重问题，但是在保持健康饮食或体育锻炼方面，她一直没有进展。谈到锻炼的必要性，她写道："为了实现减肥目标——让自己变得更强健——让自己感觉更健康——让自己更快乐。"

**要实现这样的生活方式需要做出哪些改变?** "为了锻炼身体, 我必须在上班前去健身房, 这意味着, 我必须每天早上5点起床。要做到这一点, 唯一的方法就是早睡, 最迟也要在晚上9点半上床。但我每天晚上还要陪吉娜聊天。我确实不清楚自己为什么愿意这么做。"

**在思考这些调整时, 我们会产生怎样的感觉并得出怎样的想法?** "一想到要告诉吉娜, 我不能陪她聊天, 我就会感到焦虑, 因为我得按时睡觉。这样的话真是说不出口啊?! 我不能这么自私。吉娜会对我很失望, 可能再也不会和我说话……"

**我们如何看待自己的感受?** "每当想到要失去吉娜这个朋友时, 我就会感到不知所措。我需要掌控自己的生活。其实, 我的恐惧根本没有任何意义。因为我知道, 吉娜绝不会因此而抛弃我。"

**我们应如何克服阻碍健康生活方式的绊脚石?** "两个最大的障碍就是按时睡觉和不能陪吉娜聊天。首先, 不可否认的是, 只要下定决心, 我就能早点入睡, 尽管这意味着我不得不减少花在脸书上聊天的时间。"珍妮继续写道, "至于吉娜, 我相信她还会和我在一起的。我甚至可以说服她一起去健身房锻炼身体! 我真的很希望这个想法能变成现实。尽管如此, 但只要想到不能陪她聊天, 我还是会感到焦虑。但我可以做到。待会我就可以和她谈谈这件事。"

**改变对我们的重要性如何以及它为什么如此重要?** "我确实希

望有更好的自我感觉，而且更希望自己真正变得更健康。轻轻松松地上台阶，不再气喘吁吁，那种感觉真的很棒！每当想到这个，我就会有无穷的动力去锻炼身体。"

**我们的未来计划是什么？** 因为珍妮确实很担心吉娜的反应，因此，在坐下来编写自己的计划之前，她还是先和吉娜谈起自己的想法。而吉娜的反应确实让她大吃一惊，她非常愿意和自己一起去健身房。然后，她给自己制订的计划是：每天按时睡觉，每周四天去健身房锻炼身体。她在日记本中写下的最后一句话是，"想到这个计划，我就会感到激动万分。而更让我激动的是，我们每个周五都可以一起出去吃午餐，庆祝我们成功完成这一周的计划！"

## 如何表达富有同情心的自我意识

自我意识可以让我们理解自己的内在体验，并与之建立联系。当我们彻底敞开心扉面对这些经历时，就会对它们产生同情心。这样，在面对痛苦的经历时，我们往往就会感受到自我同情意识，进而质疑我们的自我拒绝。

富有同情心的自我意识就是以开放的心态面对自我关爱的过程。它是我们已有内在美的外在体现，就如同花蕾中隐藏的美最终绽放在我们眼前一样。在我们脱口而出"当然，其实我只是……"这样的话语时，我们其实就是在体验富有同情心的自我意识。

"如果晚一点见面，比如在8点钟，可以吗？我觉得唐娜和我都需要再多点时间才能赶到那里。"琳达没有提出任何问题，她似乎只是在核对待办清单上的事项。但查德的心脏突然开始剧烈跳动，他甚至觉得呼吸都需要像举重那样全神贯注、费尽全身力气。但就在他即将陷入彻底恐慌的那一刻，查德灵光一现（源自他一直进行的自我意识练习）。他突然意识到自己的所思所想并非现实，并开始安慰自己：她并不想抛弃我。她只是想有足够的时间赶到；然后，她想和我共度时光……我真的不敢相信，我确实是反应过度了！……我总是担心自己做得不够好。这种想法可以追溯到我的儿童时代，我觉得自己永远都不会像我的兄弟那么聪明——就像父母经常对我感到失望那样。更糟糕的是，我在其他孩子面前也会感到害羞——总觉得不能融入他们当中。想到这些，我当然会觉得害怕——可以想象，任何人处于我的环境都会觉得担心。尽管这是一种痛苦的沟通方式，但我觉得自己可以坚持。此外，琳达也没有要求我一定是个外向的人，或是在某个方面有天赋，她甚至对我没有任何要求。她无时无刻不在向我表达：她是爱我的。

当考虑我们自己经历的拒绝敏感问题情境时，可以通过如下练习认识自己的反应。比如说，我们可能会意识到家庭在自己成长过程中带来的影响。当然，我们还可以考虑朋友或是以往亲密关系的影响。我们无须用好和坏去评价当前或以往的反应。我们只是希望以同情心去理解这些反应，这样，我们就可以很自然地说，"我当然可以……"

### 练习以最具同情心的"我当然会……"做回应

思考一个导致我们面对拒绝敏感问题的具体情境。在这个过程中，通过以下练习，我们可以有意识地对这些经历进行共情：

**关注 STEAM 模型的前四个领域。**在这里，不能不加思考地直接触及每个领域，而是要留出足够时间，这样才有机会充分体会每一种体验，以便从整体上丰富我们的自我意识。

**以心智化去更好地理解和同情自己。**在完成提高自我意识的第一个步骤之后，进一步深入思考我们的反应，这样，我们在克服拒绝敏感问题的过程中即可充分体验同情心。不妨考虑以往生活经历对当前反应的影响。如果陷入自我批评之中不能自拔，那么，我们可以设想一个支持自己的朋友：假设他完全理解我们的感受以及这样的感受由何而来，那么，对我们的拒绝敏感，这个朋友会作何反应。

**学会以"我当然会……"做回应。**在以共情心理解拒绝敏感问题时，通过这句话告诉自己——我们的反应只是人之常情。每个面对相同处境的人都会做出这样的反应。这样，这种发自内心的拒绝敏感就会自然而然地减弱甚至消失。

以同情心对待自己，有助于我们以更合理的决策面对问题、走向新生活。这就要求我们不再以批评态度应对我们的拒绝敏感问题，而是要学会去了解它，以便于摆脱束缚，关注如何克服困难，更好地前进。

此外，一旦形成富有同情心的自我意识，我们也会以同样的宽容心态接受来自他人的同情心。这样，我们就会形成更接近安全型依恋风格，不再纠结于拒绝问题而难以自拔。

## 以当下自我帮助未来自我

和生活中的很多事情一样，我们的情绪也是有节奏的。每一天，我们的情绪都会在心旷神怡和郁闷烦躁之间起伏波动。在每一次互动中，我们的心绪都有可能从孤独转为融洽，或是从不安的惶恐变成振奋的爱意。但不可否认的是，更有可能让我们感到不安的是情绪带来的负面影响。当被拒绝敏感的重担压得我们感到窒息时，我们会觉得无所适从，被笼罩在难以名状的痛苦中无法解脱。在短时间内，我们可能会抛弃所有积极的情绪和思维，甚至不再相信和期待任何美好的事物。幸运的是，即便是在极度低落的时刻，我们的积极体验依旧存在——只要我们愿意去想象，愿意去发掘，就能重新找回它们。

在下一个练习中，我们将尝试着给未来沮丧的自己写一封信，以帮助未来的自己走出困境，面对美好生活的沐浴。在琳达不得不离开查德照顾母亲的那段时间里，让查德欣慰的是，他以前抽出时间给自己写了一封信。他意识到，在困难时期，他无条件地向自己的内心寻求安慰（从本质上说，就是做自己的依恋对象）。我们可以从下面的信中看到，每当遇到问题时，通篇阅读这封信会都会让查德感到莫大的鼓舞。

你好，亲爱的。如果你正在阅读这封信，肯定说明你眼下正在面对漆黑中的痛苦。你可能会觉得自己一文不值——就像泥土一样，也没有人真正关心你。我真的很抱歉——这是一个艰难的时刻。但事实是，如果你真的走到这一步，可以肯定的是，一切都似乎比实际情况更糟。尽管你现在感觉不佳，但有时也会心情不错。烦恼还会不期而遇，你的心境如同过山车一般，起起落落。想想你身边家人朋友的真实情况——朋友一直在你身边。琳达一次又一次地向你表白，她真的很在乎你。所以，即便你现在觉得自己一文不值，但一定要记住，那只是一种迟早都会被忘却的感觉。抽时间打一个电话给琳达或是其他朋友（比如斯科特），或是去球场运动一下，都会让你走出烦恼。做做这些让自己轻松的事情，或是想想其他能给我们带来好感觉的事情。我向你保证，你肯定会再次振作起来，感觉更美妙，觉得自己更强大。

你最好的朋友——自己！

## 致未来自己的一封信

在处于最佳心态的时候进行这项练习，这样，一旦在因为拒绝而感到不知所措时，我们就可以为自己提供一种走出困境、寻找快乐的方法。要完成这项练习，首先要选择一个我们自认为感觉不错的时间。然后，按以下步骤进行操作：

**在给未来的自己写这封信之前，回想一下我们对拒绝感到不知所措的时刻。**我们可以把自己设想为一个旁观者，看看拒绝会如何控制我们的情绪和思维。它不仅会妨碍以前的自己感觉到任何积极的事物，还会扭曲针对我们本人和经历的所有客观事实，让原本平淡无奇的事变成一团糟。

**记下我们对这个过去自我的所有想法和感受。**作为一个外部旁观者，我们现在必须是一个感觉非常良好的人，这一点非常重要。在关注过去的自己的时候，我们可以这样想：我们当初的纠结其实只是人类不可避免的纠结。然后，我们就注意到，我们会以更多的同理心和同情心去看待这个过去的自己。

**考虑我们应该为这个过去的自己提出哪些建议。**站在这个过去的自己的立场上想想，怎样才能让自己走出这个困难时期。比如说，可以建议这个过去的自己给朋友打个电话，或是出去散步。

**现在，给未来痛苦的自己写一封信。**把针对上述问题的所有答案写在一封信中，给未来沮丧的自己注入更多的同情和鼓励，或是提供一些建议，帮助自己克服并走出这样的困难时期。

**把这封信放在自己容易找到的地方。** 当我们再次因为被拒绝而苦苦挣扎的那一天到来时，打开这封信。我们会发现，这封信会让我们豁然开朗。毕竟，没有任何人比你更了解自己！

这封信的价值在很大程度上体现为：内心深处的我们会告诉自己，写这封信的人最理解我们，真心真意地关心我们，而且会诚心诚意地劝慰我们：不管此时此刻的感觉如何，任何负面情绪都不会永远持续。

## 培养自我同情心绝非朝夕之事

富有同情心的自我意识需要我们真诚地关心自己，只有这样，我们才有动力去了解自己的真实需求。每个人都希望摆脱对拒绝的恐惧，享受更快乐的生活，但我们对待自己的同情心可能还不足以帮助我们走出困境。也许我们也有过自我同情的时刻，但是在挫败感和自我批评面前，它们的力量显得微不足道。不过，我们可以想象，在某个时候，我们注定会以更强大的自我同情对待自己。在我们面对拒绝的纠结时，这种想象或许会成为克服障碍的力量源泉。

### 想象一个富有同情心的自己

这项练习会引导我们去想象：一个拥有强大自我同情心的自己会是什么样子，借以真正提高这种能力。

**想象着我们的自我意识正在不断增强。** 考虑一下，提高在 STEAM 各个领域的自我意识，如何帮助我们以更强大的同理心去克服拒绝问题。请关注我们在以共情意识对待自己时感受到的自我接纳意识。此外，还要注意与共情和自我接纳意识一并产生的自我同情意识。

**考虑一个富有同情心的人会拥有哪些素质。** 回忆我们认识或是听说过的富有同情心的人，或许有助于我们进行这项练习。比如说，我们可以回忆自己的父母、阿姨、导师或者朋友。当然，我们也可以想象某个宗教人物（如耶稣或佛祖）、政治人物（如纳尔逊·曼德拉），甚至是小说或电影中的人物。列出我们在这些人身上注意到的积极特征，如平易近人、仁慈关爱、宽容大度或是善解人意等。

**想象未来的自己拥有富有同情心的自我意识。** 想象一下，未来衰老的自己看起来会是什么样子，包括我们的面容和穿着。设想这个未来的自我是一个善解人意、平和稳重的人。这个人很清楚我们曾经想过、感受过和做过的一切事情。因为他对我们拥有最深刻的理解，因此，这个自我必然会对我们产生最积极的感觉。

**淡然回顾拒绝的记忆。** 放松、舒适地坐下来，闭上眼睛，把注意力转向我们的内心。注意我们身体的姿态和呼吸的节奏。心中想着"拒绝"这个词，让那些被拒绝的记忆回到我们的思维中。关注某个记忆。平静泰然地在思维中回放这个情境，直到我们能在身体和情绪上强烈地感觉到它。

**想象这个富有同情心的未来自我姗姗走到我们身边。** 显然，这个未来的自己对我们关爱有加，并会以富有同情心的态度去理解我们。我们之间的沟通可以是文字、表情或某种手势。但无论怎样实现这种沟通与分享，我们都能深深地感受到接纳和同情。花点时间，有意识地去吸纳这次体验。

**感谢这个富有同情心的未来自我。** 随着互动接近尾声，向这个富有同情心的未来自我表达我们最诚挚的谢意。在我们分手时，请注意内心中所有的积极感觉。

在完成这个练习之后，我们再进行一次反思。请注意，此时此刻，这个富有同情心的未来自我正在一点点地变成我们自己。因此，在我们继续尝试去提高富有同情心的自我意识时，我们实际上就是在把当下的自己培养成这个未来的自己。

（如果难以把自己想象成富有同情心的人，那么，可以利用思考同情心要素时想到的人物进行练习。在和那个人成功地完成本练习之后，我们可以尝试与未来的自己重复上述练习。）

## 提高警惕，保持关注

实际上，拒绝敏感问题本来就是根深蒂固的心理痼疾，毕竟，在我们作为人的全部体验中，联络与沟通无疑是核心。出于这个原因，探索人类亲密生活内心深处的故事，无异于我们与心灵的直接对话。通过这些故事，我们可以探究内心最深处的痛苦和最宝贵的愿望。

我们也可以通过这个自然门户，感受他人的原始情感体验，以他人为鉴，帮助我们了解自己的问题，并与之建立关联。因此，不管是书籍还是电影，我们都应认真筛选与之建立关联的故事。我们可以在经典爱情故事中发掘这种体验，比如莎士比亚的《罗密欧与朱丽叶》，也可以是与自我发现有关的电影，比如《单身日记》或《末路狂花》。此外，我们也可以从新闻报道的个人故事中得到启发。感动自己的故事可以加深我们与内心体验的联系，从而更好地理解自己的问题，并以同情心看待这些问题。

培育富有同情心的自我意识是一个漫长过程：从自我意识中衍生出自我同理心和自我接纳，并最终完成向自我同情的演变。富有同情心的自我意识是一种需要我们着力培养的能力，我们必须一次次地去主动尝试，刻意使用，才能最终摆脱拒绝及其他心理问题的干扰。

第十章

# 在关系中实现自我恢复

　　珍妮漫不经心地看着菜单，尽可能耐心地等待贝丝，她这次又迟到了。当姗姗来迟的贝丝走进来、坐在椅子上的时候，珍妮很快便克服了朋友迟到带来的郁闷，兴奋地向贝丝谈起自己的新商业计划。"你知道松树街那间空荡荡的商店吗？你肯定听说过，我想把它变成一家咖啡馆艺术画廊，我知道这个想法可能有点荒诞，但我最近经常有这个念头。我想，可以把本地画家的作品挂到那里，当然也包括我自己的作品，然后再设置一面书墙。这家商店的后面有一个小庭院，我想还可以安装一些户外座椅，然后请一些当地的音乐家来这里开演奏会。嘿，你觉得怎么样？"不出所料，贝丝对珍妮的想法大加称赞。随即，她们马上便开始集思广益，讨论如何实现这个目标。

　　在谈话过程中的短暂停顿片刻，珍妮向后靠到座椅上，开始思考自己在过去几年在追求个人发展方面做出的努力。她意识到，自己的思想正在变得越来越开放，心态越来越轻松，而且也越来越敢于尝试新鲜事物，而她的朋友也在这些成长过程中扮演了不可或缺的角色。想到这里，她的脸上不知不觉地露出了会心的微笑。

在本书中，我们首先对 STEAM 各领域的自我意识给予了充分关注，在此基础上，我们还须考虑人际关系在克服拒绝敏感问题方面发挥的作用。正如本书第一章所述，依恋理论强调了我们与自己及依恋对象建立积极关系的重要性。需要提醒的是，依恋对象就是我们在遇到困难时可以求助的重要人物。

本书始终在引导我们认真思考与自己及他人的关系。我们可能会记得，依恋理论认为，人会形成所谓的内在自我意象模型。按这个模型，我们的自我评价通常介于值得被尊重和被爱到不值得被尊重和被爱这个区间中的某个位置。此外，我们还会形成所谓的内在他人意象模型（依赖于过去及目前依恋对象的经验）。按这种模型，我们对他人的评价往往介于从情感可用到情感不可用这个区间的某个位置。这两个模型在我们的思维中相互结合，对我们如何应对情绪、困难以及生活中的人际关系产生重要影响。

具有安全型依恋风格的人通常会拥有亲密、健康的人际关系，因而不会过分担心遭到拒绝。在自我评价中，他们认为自己值得被尊重，而其他人在情感上具有可用性。在遭到拒绝或者至少感觉被拒绝时，尽管他们也会感到痛苦，但往往不会达到无法忍受的地步。在面对困境时，他们拥有足够的韧性，因而更有可能摆脱困境的肆扰，延续自己的正常生活。

学会将生活中的重要人物视为可长期取得安全感和支持感的依恋对象，我们即可享受安全型依恋关系带来的好处。依恋理论表明，通过这种做法，我们的依恋对象将发挥如下三种基本功能。在本章的随后部分，我们将详细解释每一种功能：

1. 接近性（proximity），指依恋对象和我们在身体和心理上的接近程度。

2. 避风港（safe haven），在我们感觉受到威胁或痛苦时，依恋对象可以带来保护和安慰的感觉。

3. 安全基地（secure base），依恋对象为我们探索内在体验（如感受和兴趣）及外部世界提供支持。

请记住，强大而健康的成人关系应该是相互的。正如我们必须把他人视为最近的避风港和安全基地一样，同样，对方也需要对我们拥有相同的感觉。阅读本章并培育与人际关系相关的洞察力和技能会让我们的内在他人意象模型变得更坚实可靠。此外，我们还会注意到，本书讨论的内在他人意象模型和内在自我意象模型是相辅相成、相互补充的。两个模型结合到一起，会让我们获得更强烈的感觉，并能更好地管理压力。归根结底，我们将充分体验安全人际关系所带来的好处，而不会像以前对拒绝高度敏感。

## 接近性让所爱之人永远近在眼前

显而易见,在幼儿时期,看护者需要在身体和情感上尽可能地接近自己的孩子,以确保孩子在身体上获得安全,在痛苦时得到安慰。但相对不够明显的是,这种亲近性(或者说依恋理论所称的接近性)对帮助人们学会应对当下以及余生的情绪同样至关重要。

当照顾者(最常见的情况是妈妈)对孩子的需求做出反应时,孩子不仅会在身体上得到安全感,而且会在心理上感受到保护,并最终形成安全型依恋关系。孩子们会认识到,他们可以求助照顾者获得安慰,并最终学会自我安慰。此外,他们还会收到自己是值得被爱之人的信息——无论是微笑,还是哭泣,都会得到照顾者的爱护和关怀。随着时间的推移,孩子会形成一种内在的思维运行模式——他们生活中的重要人物一定会关心、安慰和接受自己。在把这种模式变成他们体验自我和世界的工具之后,他们就不再需要照顾者必须在身体上接近他们了,因为他们已经把这个人予以"内化"了。因此,当依恋对象不在身边时,他们反而更善于让自己平静下来。

对拥有安全型依恋风格的人而言,他们的内在他人意象模型认为,其他人具有情感可用性,而他们的内在自我意象则把自己看作值得被爱和有价值的人。在面临困境时,他们通常不会完全被痛苦感所控制。相反，他们通常会采用可以有效应对困境的想法和行为。然而，当生活中的压力过大时，他们能够而且也确实会求助于自己信赖的其他人，以获得必要的支持和保证。

对存在拒绝敏感问题的人来说，他们更可能拥有焦虑型依恋风格。按照他们的内在他人意象，他人在情感上是不可用的，而他们的内在自我意象则认为，自己不值得被爱、不值得被尊重或是存在缺陷。这种内在他人意象模式在查德的身上体现得淋漓尽致：他一直在搜寻琳达拒绝自己的信号，始终觉得自己能力不足，而且迫切希望琳达对自己做出积极回应。同样，我们可能也会觉得，一定要争取他人的支持和接受，而没有认识到他人的接受和安慰应是无条件的，这就会导致我们出现拒绝敏感问题。

但我们也可能采取回避型依恋风格，试图通过避免情感接近和极端的自我封闭而避免遭到拒绝。很多拥有这种依恋风格的人确实不会感到特别的孤独，尽管这也可能成为给他们带来不安或无意义感的祸源。虽然他们的生活在总体上还算顺利，但是在面对无法承受的情绪问题时，即便只是内心中微不足道的不适感，也会让他们不知所措，尤其是在平静的时候，这种脆弱性会表现尤为突出。

因此，要培养面对拒绝的韧性，就必须拥有他人情感可用性的内在他人意象，并兼具自己有价值以及值得被爱的内在自我意象。要做到这一点，就需要我们去亲近在情感上支持自己的人。但是比身体接近更重要的是拥有合理的内在他人意象——即，认为他人可以在情感上为自己提供安慰和支持。

这两种体验他人情感可用性的方式为我们将他人视为避风港及安全基地创造了基础。只要能同时体验到这两种模式，我们即可更好地应对各种社交障碍——无论是委婉的回绝还是断然拒绝。因此，如下介绍建立避风港和安全基地的部分将指导我们去学习体验与他人的亲近感。

## 在人际关系中寻找安全避风港

琳达站起身，为他们的酒杯斟满酒，并在查德的额头上轻轻地吻了一下。查德低声地对琳达说，"谢谢你。"在聚会的最后一个小时，他们对工作中的一些问题展开了激烈谈论，这之后，他终于感觉好多了。第二天，查德仍要回到自己的工作岗位，忍受上司的咆哮，承受高强度的压力，但琳达的呵护性关注以及对自己所处困境的切实理解还是让查德感到了巨大宽慰。在经历了多年的孤独感之后，与琳达的交往终于为查德提供了一个安全避风港，在这里，查德可以体验到被理解、被抚慰、被鼓励和被支持的感受。

依恋理论认为，人生来就有向他人寻求情感支持的安全需求。在人感到心烦意乱或是脆弱时，依恋系统往往会被激活，促使他们去寻找生活中对自己最重要的人，帮助他们找到安全感。

这个依恋对象会成为他们的避风港，而依恋对象所带来的安慰，则为他们输入驾驭困境所需要的内在力量。

要在某个人的身上找到避风港的感觉，这些人就必须在情感上与我们保持协调。我们不仅会感受到他们的同情心，而且他们也会对我们的情感需求做出反应。尽管同情心和反应能力都是通过口头传达的，但更重要的是，它们还会采取各种非语言方式。比如说，琳达在倾听查德的艰难处境时，专注的眼神和柔和的语气都显示出她的同情心。在查德感到非常痛苦的时候，琳达用自己的平静和温柔向他表明，她不仅在情感上与查德站在一起，而且在对方需要支持和安慰的时候，也会及时做出回应。

与很多焦虑型依恋风格的人一样，查德也经常感到极度的孤独，而且始终觉得自己存在这样那样的缺陷或不足，这让他感觉到必须不断获得他人的认可，而且要想方设法去防止不可避免的拒绝。尽管他绞尽脑汁地向他人寻求接受和安慰，但是在有人对自己的需求做出响应时，他却将信将疑。相比之下，拥有回避型依恋风格的人甚至会认为，他们根本就找不到可以为自己提供认可和安慰的人。于是，他们往往习惯于过度依赖自己。因此，这两种不安全的依恋方式都会带来孤独感，而且会导致我们人为地拒绝把他人视为避风港。

学会识别什么时候可以信任某个人会认可和支持自己，可以帮助我们减少对拒绝的恐惧，从而愿意把这个人视为避风港。一个重要的迹象是，只要和这些人在一起时，我们就会感到更多的理解和安慰。但这并不是说，在对方屈尊善待自己时，我们会觉得无上荣幸（因为我们觉得自己配不上这种待遇），而是他们确实在以同情心对待自己，让我们对当下情境和自己感觉更好。

## 识别生活中的避风港

要让一种人际关系成为安全避风港，我们需要找到一个在心烦意乱时可以求助的人。拿出日记本（或一张纸），完成如下这个练习。

**想想目前生活中对自己重要的人物，把他们的名字列成一份清单。**

**圈出符合如下特征的人。**拥有这些特征的人，适于成为我们的避风港：

- 是一个很好的倾听者，能让我们感到被理解
- 在我们遇到困难时，会表达出愿意陪伴在我们身边的愿望
- 会以关怀、安慰和支持回应我们的痛苦
- 能向我们有效传递他们的支持和关怀
- 只要在他们身边，我们就会感到舒适惬意

被圈上名字的人很可能会成为我们在困境中可以依靠的人，他们会带来安慰，帮助我们减轻痛苦。考虑采用本章提供的建议，在我们感到沮丧时，求助于他们（或是向他们提出更多的请求），并充分享受他们给予的安慰。

## 考虑一种舒适惬意的人际关系

即使我们知道生活中确实有某个人一直在自己身边，但我们仍会因为害怕拒绝而不敢轻易开口。要在经历困境时敢于依赖这个人，一种有效的方法就是设想一个他们始终接受和安慰我们的情境。

### 敞开心扉去感受安慰

回想和这个人有关的一个情境：在我们心烦意乱时，他们不仅陪伴在我们身边，而且会给予我们关爱、体贴的回应。然后，完成以下练习：

**记录我们在当时感受到的温暖以及积极的感觉。**敞开心扉，真正体验我们感受到的那种轻松和解脱。

如果没有感受到积极的感觉，或是无法保持这种积极的感觉，可以返回第五章"关注我们的情绪强度"小节，可能会让我们豁然开朗。该部分有助于我们了解人对自身情绪做出的情绪化反应——比如说，在出现以焦虑性防御反应或情感疏远而寻找安慰感的原发情绪时，我们可能会做出怎样的反应。在处理这些信息之后，重新尝试这项练习。

**注意因可能遭到拒绝而带来的焦虑情绪。**在我们放松防御心理而回应他人的关怀时，就有可能会引发我们对拒绝的恐惧。

**让自己同时保持温暖与焦虑交替存在的感觉。**此时，手掌向上，伸出双臂，可以帮助我们进行这项练习。在体验与温暖创建联系的时候，看着一只手。在与被拒绝带来的恐惧感建立联系时，看着另一只手。然后，把注意力重新集中在与温暖建立联系的那只手。

**思考这两种相互矛盾的感受。**请注意，焦虑更多的是来自我们长期以来对拒绝的恐惧，而不是某个人会拒绝我们的任何信号。

**把注意力转移到被安慰的感觉。**看着那只被安慰感"握住"的手掌。让自己感受被关心和被抚慰的情境。选择抛开任何拒绝带来的焦虑，并将焦虑感从当下情境中剔除。

这项练习有助于我们与被关爱感建立起更强大的关联，并从中获得解脱感。此外，我们还可以使用针对同一个人的不同情境，重复上述练习，这样，我们或许会意识到，我们越来越容易相信，这个人就是自己的安全避风港。

回想某个人在我们遭遇困难时安慰自己的情境，如果我们正在面对令人不安的情境，那么，不妨考虑使用下面的策略，帮助我们去接近这个人（或其他人）。

## 鼓励我们在人际关系中主动寻找安全感

通过这项练习，在和某个人谈论让自己感到困扰的话题时，我们会主动增加获得安慰的感觉。

选择一个此前始终支持和关心自己的人。如果我们正纠结于拒绝问题，那么，可以提醒自己，这个人对我们的感受始终非常在意。

**与自己选择的人分享一个沉重的话题**。需要提醒的是，我们选择的话题只是在困扰我们，但还不至于让我们感到无法承受。（如果我们之前已完成这项练习，而且认为这个人能够给出充分的回应，那么，也可以选择更敏感、更有挑战性的话题。）

**注意他们的反应**。尽可能客观地看待他们如何回应自己的痛苦。如果我们认为，对方确实表现出对自己的关心时，不妨有意识地去放松自己的防御心理，放心大胆地去接受对方提供的支持。

**仔细品味任何被安慰的感觉**。对很多存在拒绝敏感问题的人来说，他们只能短暂体验来自他人的安慰，然后便会迅速拾起之前的不安全感。因此，我们应主动花费更多的时间去关注在他人身上感到的支持和温暖，关注我们的痛苦是否得到缓解。如果我们仍感到有些焦虑，可以在心里这样告诉自己："是的，我确实感到有点焦虑，但我对这个人很放心，因此，我会专心致志地去关注从他身上得到的安慰感。"

**如果允许的话，不妨主动和对方来一次拥抱**。本能告诉我们，身体上的情感接触具有非常强烈的安慰效果。出于这个原因，在我们感到心烦意乱时，一个简单的拥抱（或牵手）都有可能让我们神清气爽。如果我们对肢体安慰方式感到不舒服，请直接跳过这个步骤。

面对向我们表达关爱与安慰的人，我们在情感上的接受度越大，与他们的互动就越能"温暖我们的内心"，也越有助于抚慰我们的痛苦情绪。

在完成这项练习时，我们可能无法始终保持被关心的感觉。请记住这个困难的情境，重新尝试第五章"情绪"中的练习"呵护我们的情绪"。之后，我们可以再回到这个练习。

如果我们在练习中遇到困难，可以复习第六章"行动"的"人际关系中的安抚性接触"部分，以帮助我们理解身体接触的抚慰功能。

如果我们在练习互动中体验到任何舒适感，那么，可以通过回忆来强化这种舒适感带来的好处。也就是说，在每次回忆这次互动时，都会强化被对方安慰的体验——这就让他们更有可能成为我们在困境中可以求助的避风港。

想象我们走进这个人温暖的家。每次重复这样的体验时，我们都会进一步确信，这个家都会让我们感到温暖和舒适。于是，我们开始脱掉包裹在身上的层层衣物和保护网。但有的时候，焦虑和恐惧可能会让我们不敢轻易放松，提醒我们随时做好准备，这个人会在"某个时候"把我们扔进冰冷而危险的世界。只要我们不断质疑这种可怕的反应，它就会变得没那么逼真，也不会那么强烈。我们终究会相信，这个温暖的家就是一个安全的避风港。

## 共同创建安全避风港

在人际关系中创建安全避风港时，一个常见的要素就是协作性沟通，这就涉及双方之间的相互反应。不妨考虑这样的情境：

珍妮用哀怨的语气对露西抱怨说："我昨天在电话里告诉妈妈，我打算养一只宠物貂，她说，'你为什么这么做呢？'你知道，她肯定会这样说的。"看着露西茫然的表情，她惊呼道："哦，你永远不会明白的。你竟然也同意她的看法！"为了缓解珍妮的痛苦，露西解释说，虽然她对养雪貂没有任何反对意见，但的确不觉得那有什么吸引力。露西问，"我听说雪貂的身上会很臭。你想过那种感觉吗？"这几乎让珍妮感到崩溃。但随着谈话的进行，露西开始不断让珍妮感到安慰：如果养雪貂会让珍妮开心的话，她当然同意珍妮做这件事。然后，露西还补充说："如果你妈妈真的反对养雪貂，那是她自己的事情。"尽管珍妮很清楚，露西依旧不明白自己为什么要养一只雪貂，但她已经感到放松、支持和安慰。

在这个情境中，珍妮和露西共同努力，通过相互之间的协作式沟通，达成一致，并最终厘清各自的想法和感受。这让珍妮感觉到，露西并没有评判自己的意思，而且露西是她在不愉快时可以求助的那个人。（顺便说一句，这个过程很难通过社交媒体

"远程"进行,这也是这种沟通方式的最大问题之一。)

在我们纠结于情感问题时,能找到值得信任的人显然有助于我们缓解痛苦,而且肯定会让我们受益匪浅。仅仅是他们司空见惯的关怀就足以让我们感到宽慰。但是在某些时刻,我们可能需要确保对方真正地理解自己,并能够给予同情心。对方当然也可能马上领会我们的意图,但这毕竟是可遇不可求的事情。协作式沟通有助于加深双方的相互理解,让对方真正了解我们正在经历的事情。这样,我们就更有可能接受对方,并因他们表达的同情心而感到安慰,并最终让对方成为我们在困境中可以依赖的避风港。

## 积极倾听

开展协作式沟通的一种有效方法就是积极倾听对方的观点。可以想象,所谓的积极倾听就是有意识、主动地去倾听对方的声音。

**练习积极倾听**。选择平常始终支持自己并拥有良好沟通关系的人进行交谈。为此,我们可以选择一个双方均感兴趣的话题展开谈论,但尽量不要涉及可能会导致我们无法达成共识的话题。随着练习的深入,并掌握更多的技巧,我们可以不断增加难度。我们可能想告诉对方,我们正在练习积极倾听,甚至可以邀请对方和自己一起练习这些步骤。最后,要选择一个我们不太可能受到干扰的时间进行练习。然后,按这些步骤引导我们的对话。

**全神贯注**。在和人交谈时，我们很容易分心，因此，要尽可能地集中注意力。在发现自己分心时，需要把注意力重新转移到双方探讨的内容上。

**真诚地倾听**。在关注对方时，关键在于真正理解对方的想法。为此，我们可以尝试换位思考，站在对方的立场看待问题，包括以同情心看待他们的感受——即使我们不接受对方的观点，或是认为他们有点反应过度。

**让对方意识到你在倾听**。在交谈的过程中，让对方看到，你是在认真倾听，这一点非常重要。这可能需要我们采用肢体语言去表达，如第六章中的"理解非语言沟通"部分所述。比如说，我们可以点头或发出表示承认的声音（比如，"嗯"或"是的"）。和面部表情一样，我们的身体姿势（比如身体前倾或是摇头）也会说明很多问题。

在和某个人谈论自己经历的困难时，我们只需让对方知道，你只是在以同情心进行共情，而不会和他们一同迷失。比如说，我们的眼睛可以噙着流泪，但不能放声哭泣。凭借有同情心但又不失自制力的反应，我们在安慰别人的时候，实际上就已经成为对方的安全避风港。

**反思自己的认识**。我们要么确认自己确实理解对方的感受，要么为对方提供纠正我们误解的机会。从表面上说，就是让对方知道，我们听到了什么。但如果只是死记硬背对方的话，那只能说明我们的情感和理解与机器人没什么区别。因此，非语言沟通对我们表达自己真正理解的事情至关重要。

如果对方表示，我们确实理解有误，尽可请他们再做解释。仔细聆听，然后重新思考我们听到的内容。不厌其烦地重复，直到对方觉得我们确实已完全领悟了他们的意思为止。

**给出自己的回应**。根据对话的内容，我们可以做出验证、提出问题的解决方案或是分享自己的经验或观点。不过，一定要在对方觉得我们确实已倾听并理解之后，才能以这些方式做出回应。

通过积极倾听，我们更有可能感到他人的接受和支持，而且愿意在这个人面前流露自己最脆弱的另一面。正是凭借这样的沟通方式，我们创造了在必要时刻向对方寻求安慰的可能性——尽管并非每个人都擅长提供安慰，也不管相互之间的沟通是否有效。

## 借助安全基地促进个人成长

除了在不安时能提供避风港功能之外，人际关系还可以发挥安全基地的职能。依恋理论认为，健康、重要的人际关系有助于激励人们去探索自己的兴趣和世界。这一功能为我们的个人成长和发展提供了动力，让我们对自己有良好的感觉，并获得幸福感。按照依恋理论的解释，我们的成长需要兼具两个要素：认为他人具有情感可用性的内在他人意象，以及自己有价值并值得被爱的内在自我意象。

当某个人成为安全基地时，他们会对我们表达出"真正"的关心和支持。赢得他们的认可，并不需要我们采取某种具体的行为方式、持有特定观点或是一定要实现某个具体目标。相反，他们会主动地鼓励我们去探索对自己有意义的事情。比如说，在我们走错方向或是在中途跌倒时，他们会义无反顾地和我们站在一起。

重要的是，即使兴趣或观点不完全吻合，他们也会继续提供支持。他们始终会毫不犹豫地支持我们整个人，而不会因具体事件或环境的变化而改变立场；如果认为某个决定不符合我们的最大利益，他们就会对这个决定提出异议。如果他们认为我们的行为无异于自取灭亡，那么，他们会毫不留情地放弃支持。所有这一切都表明，这些人对我们的关心是无条件的。

在和伙伴建立起健康的关系后，每个人都会成为对方的安全基地。这意味着，他们不仅会相互提供支持，而且会在遇到困难时相互寻求支持。即使是在紧张对峙的时候，伙伴之间也会相互支持。在这种情况下，双方都认为，尽管需要克服某些分歧，但对方始终把自己的最大利益放在心上。

## 识别生活中的安全基地

要让人际关系成为安全基地，我们需要找到那些可以在自己的人生旅程中寻求支持的人。拿出我们的日记本（或一张纸），完成如下这个练习。

**写下我们认为可以成为安全避风港的人。** 我们已在本章前述练习 "识别生活中的避风港" 中创建了这个列表。如果尚未完成该练习，现在就去做吧。

**圈出符合此特征列表的每个人的姓名。** 具有这些特征的人可能会成为我们的安全基地。

- 关注与我们有关的重要事情
- 希望我们成为最好的自己
- 鼓励我们探索自己的兴趣
- 始终如一地支持和鼓励我们
- 即使在意见或兴趣不同的情况下，也会支持我们

**考虑一下，我们是否圈出了希望得到支持的对象。** 对于我们在探索兴趣和价值时希望寻求鼓励的对象，在他们名字的旁边画一个星号。这些人就是我们生活中的安全基地。被圈出名字的其他人则代表潜在的安全基地。

一旦确定生活中的安全基地，我们即可开始强化他们的功能。

在完成这个练习时，我们从理智出发可能会认为，某个人会成为自己的安全基地，但自己在感情上却难以接受这个事实。这样的纠结很常见，类似于我们在把他人视为避风港时可能出现的矛盾心理。回到本章前述 "借助安全基地促进个人成长" 的练习，可以帮助我们解决这个问题。如果我们能体验他人的安慰，

并把他们视为安全避风港，那么，就有可能会把对方视为安全
基地。

## 在朋友的支持下实现成长

畏惧拒绝往往会让人们在生活中畏首畏尾。比如说，在决定
是否要告诉母亲准备养一只雪貂的想法时，珍妮开始犹豫不决，
而在和露西探讨这件事之后，她才意识到这一点。尽管在珍妮的
脑海中，有个声音一直在告诉自己：应该养一只猫或是一条狗
（而且她确信人们会赞成自己），但她还是决定选择雪貂。她知
道，这种动物很有趣而且让她感到好奇，这也是她喜欢雪貂的地
方！这是一种有意而为之的冒险行为——冒着被所有人反对的风
险，去做让自己开心的事情。尽管母亲的意见和露西的最初反应
确实让她开始犹豫，但是在和露西说清楚这件事之后，她的自我
感觉好多了，而且她最终感受到了露西的支持。

把强化的自我意识与"真实"的自我联系起来，我们开始越
来越清晰地认识到自己的兴趣、价值取向和感受。当然，我们可
能会发现朋友尚未发现的兴趣点，意识到朋友还没有想到的信
念，或是做出他们不会做出的决定。因此，即便在当时，尤其是
在这个时点，当我们在按自己的方式探索世界时，我们首先要在
生活中找到这个可以依赖并提供支持的人。为此，我们必须采取
如下措施：

**找出能在我们生活中成为安全基地的人。**通过上述练习"识别生活中的安全基地",找出可能或是已经在支持我们个人成长的人。

**对支持我们的人敞开心扉。**即使在确信某个人值得信任时,我们的恐惧感依旧会很强烈。此时,我们可以测试他们的可信度,并抓住每个可能的机会去质疑这种恐惧感。为此,我们可以向对方透露平时不会表达的兴趣或意见,但这种兴趣或意见不要过于个人化。重复上述练习,在准备承担更大的风险时,可以考虑采取更开放的思维。

**找出可实现个人成长的领域。**具体可以考虑我们的兴趣、价值取向、感受和愿望。探索这些领域,并以更开放的心态看待我们与这些领域的关系。

**在投资于个人成长的同时,把支持我们的人视为安全基地。**主动接近被我们确定为现实或者潜在安全基地的人。使他们支持自己的探索,与对方分享自己的兴奋和担忧,并帮助自己实现目标。

当然,我们也可以在没有任何人支持的情况下,去独立探索自己的价值观和新兴趣点。但是在以这种方式提升自己时,需要我们具有强大的内在力量,而作为安全基地的其他人显然有助于我们强化这种力量。此外,以这种方式与他人建立联系,还可以带来一种价值感和成就感,而这些感觉恰恰是孤身一人(无论是身体还是情感上的孤独)的生活所缺少的成分。

## 借助安全基地挑战自我批评

尽管珍妮最初对开设咖啡馆艺术画廊的想法跃跃欲试，但她仍然觉得自己不够精明，完全没有能力去做这件事，甚至根本就没有能力独立创办自己的生意。但是在和贝丝探讨这件事之后，珍妮开始觉得心潮澎湃，她终于意识到，在课堂上学到的东西足够让她去追求这个目标。

我们肯定会怀疑其他人是否会支持和鼓励我们的个人成长，这不只是因为我们担心对方会拒绝自己，还因为我们对自己的负面认识——换句话说，他们的本意并非鼓励，而是怜悯。在不断怀疑这种可能性，并以极端挑剔的目光审视自我和自己的能力时，完全相信他们的鼓励几乎是不可能的。但是在生活中，如果有人能在情感上完全支持自己（就像贝丝对待珍妮那样），那么，学会接受他们的支持和鼓励注定会让我们受益无穷。

在我们追求实现个人目标的过程中，一个最重要的条件就是要不断鼓励自己，并感受他人的鼓励，把他们视为自己的安全基地。这些人的支持会帮助我们敢于挑战自我批评，以更积极的眼光看待自己，勇敢地去追求自己的梦想。

### 借助安全基地帮助我们达成最终目标

如果自我批评正在妨碍我们实现目标，不妨按以下步骤，借助安全基地去挑战这种消极的自我批评：

**选择一个值得信赖的人，与对方探讨自己的目标。**这个人首先应该是曾经对我们表达过鼓舞和支持的人，而且还需要是我们在本章练习"识别生活中的安全基地"中所圈定的对象。

**承认我们对自己的消极态度。**接受自我批评这一事实可以让我们认识到，我们完全可以采用更积极的方式看待自己。（如果我们无法意识到存在自我批评问题，不妨复习第四章"思想"，帮助我们解决这个问题。）

**和我们选择的知己探讨自己的问题。**这个人很可能会以真正的倾听、理解和同情，帮助我们感受到安慰。因此，我们也需要让对方了解自己的目标是什么，以及我们对这个目标以及自我的感受。

**认真聆听对方的反应。**在对方回应我们的时候，去感受他们给予的支持（假设对方支持我们的想法）。尝试换位思考，站在对方的立场上看待自己。向对方重复自己听到的内容。如果对方是在鼓励我们，而且我们也确实能站在对方的视角看待自己，那么，从对方的角度谈论自己，当然有助于我们强化对自己的积极认识。

如果对方不仅是我们名副其实的安全基地，又能给我们带来支持和鼓励，那么，我们就更有可能将这些谈话铭记于心，并对自己以及我们追求目标的能力感到更加自信。但是在任何时候，我们都有可能出现自我怀疑。因此，在我们致力于奋斗和成长的过程中，需要尽可能多地去求助我们的知己和安全基地（或是与他们谈话的记忆），获得我们所需要的支持和鼓励。

但我们还需要清楚地认识到，即便是与具有安全基地功能的人进行对话，我们依旧有可能会感到沮丧或是被拒绝。如果发生这种情况，记得提醒自己，对方在大多数情况下是支持我们的，而不是想伤害自己的人。因此，我们需要开诚布公地讨论对方提出的想法、自己听到的事情以及我们的感受，使用本章前述的练习"积极倾听"，或许有助于我们达成这个目标。比如说，可能是我们误解了对方的想法；也许他们只是想帮助我们走出痛苦，但并不接受我们的想法、感受和愿望，也许还会出现其他各种各样的误解。但不管怎么说，我们还是希望这种对话带来更清晰的信息，让我们感觉到他们就站在自己的身边。即便如此，如果怀疑对方的观点，或是感觉遭到评判或是拒绝，那么可以选择与其他人沟通。成长的愿望总是与失败的可能相伴而行。但有了来自内心的鼓励和安全基地的支持，我们就可以找到坚持下去的力量。无论是成功还是失败，我们都会以积极的心态看待自己，而不会因为受到评判或拒绝而畏首畏尾，止步不前。

## 将安全基地化为己有

在与（过去和现在）具有安全避风港和安全基地功能的人进行互动时，我们会不断汲取对方的特征，并将之转化为我们自己的心理表征（mental representation）。换句话说，即使与他们相距万里，也会有近在咫尺的感觉。以这种方式与依恋对象保持接触，也为我们培育他人情感可用性的内在他人意象奠定了基础。（我们曾在本章开头详细探讨过依恋对象的接近性特征。）相关学术研究也支持这个观点——有意识地去不断感受这些心理表征，会给我们带来安慰和鼓励，从而强化这种内在他人意象的重要性和有效性。

## 夯实安全基地

我们可以利用多种方法提高内在他人意象的重要性和有效性，下面这些练习提供了可通过手机完成的方法。

**选择一个具有安全基地功能的人。**选择我们在本章前述"识别生活中的安全基地"练习中圈定的对象。

**在手机上查找这个人的照片。**虽然照片形式不限，但如果选择的照片能描绘出我们共同经历的某个积极体验，显然更有助于完成这项练习。

把这张照片保存在手机中易于访问的位置。可以把这张照片设置为壁纸，或是保存在收藏夹相册中。这样，我们便很容易找到这张照片。

**在手机上设置闹钟，提醒自己每天查看这张照片。**虽然这项练习的理论基础在于提高安全基地的重要性，但并无证据证明存在最优的查看方法或查看频率。因此，本书建议每天至少查看一到两次。

每次闹铃响起的时候，优先启动安全基地。查看图片并执行以下操作：

- 观看足够长的时间，重新回忆对方给予我们的关怀、支持和鼓励。
- 重复如下反映安全型依恋风格三种基本功能的词语（如果有可能的话，可以大声朗读）：接近性、避风港和安全基地。缓慢地重复，并对着这张照片说（或想）：

我知道，_____始终在真正地关心我，只要我们心在一起，就是最大的安慰。

在不开心的时候，只要我希望得到帮助，他们就会出现在我的身边，帮助我解脱重负，更好地面对困难。

在我努力追求目标的时候，可以依靠_____带给我支持和鼓励。

可以把这些句子打印出来，或是保存在手机上，这样，我们就可以随身携带。任何真正与安全基地取得联系的时刻，都会让我们感觉到我们在进一步接近这个安全基地。这项练习重复得越多，这个安全基地就越深入内心。

利用本章针对培养人际关系提供的所有知识，我们即可在 STEAM 各领域提高自我意识的同时，进一步创建自我接纳意识，并培养自我同情心。所有这些探索和努力汇集到一处，必将为我们带来更强大的内在力量，让我们体会到更美好的自我感觉，减少对拒绝的恐惧感。尽管我们也可以为自己提供安慰，但是和所有人一样，我们依旧会发现，与生活中的依恋对象建立联系，并与他们相伴共处，肯定会让我们受益匪浅。

# 后　记

在等待琳达回复的时候，查德告诫自己：缓慢地呼吸，只是呼吸，不要想其他事情。琳达盯着戒指，慢慢地咽了一下口水。然后，她抬起头，深情地看着查德的眼睛，嘴角泛起一抹笑意。"我以为你永远都不会向我求婚。我当然会答应你啊。"他笑着，吐了口气，或者更准确地说，是不由自主地长舒了一口气，仿佛琳达的回答已弥漫在他的整个身体中，释放了让他足足压抑了四年的紧张。今天，他终于鼓起勇气，说出这个久久藏在内心的重大问题。

就在不久之前，珍妮还想不到自己的生活会如此精彩。这是她的咖啡馆艺术画廊开幕之夜。环顾四周，珍妮感到无比惊讶：我的朋友都到了！所有的恐惧和担忧，都烟消云散……眼前的一切让我激动不已。我不敢相信，他们居然一直在守护着我。这是珍妮有生以来第一次对自己如此充满信心，对自己的友谊感到欣慰，满怀希望地期待更美好的明天。

对拒绝的敏感就像生活在镶满镜子的房间里——审视自己，会让我们感到愈加焦虑；看着其他人，所有人似乎都在用拒绝的眼光盯着自己，在挑剔批评的眼神里，预示着我们只会等来拒绝。于是，我们几乎会疯狂地去关注某个要达成的目标，或是绞尽脑汁地去证明自己。我们会觉得，只有变成更有成效、更有利用价值的人，我们才能感受到自己的价值和安全……但这样的感觉不可能永久持续。

在阅读本书时，我们就已经在勇敢地面对挑战，去攻克拒绝敏感问题。即便我们仍会感到焦虑和害怕，但这并无妨，因为这是我们面对内心恶魔时常有的事情。唯有选择继续努力，才是我们摆脱困境的出路。

即使已经读完这本书，我们依旧会感觉到一种自然而然的引力，促使我们不断去审视他人的反应，警惕拒绝的出现。这样的信号无处不在，无时不有，以至于我们经常会不由自主地体会到被拒绝感，并一头扎进痛苦情绪的旋涡。因此，希望读者遵循本书的建议，致力于打造富有同情心的自我意识。或许我们已经在这方面有所进展，但前面仍有漫长的道路。这不过是意料之中的事情而已，任何成功都不可能一蹴而就，走出拒绝敏感问题这个心理阴影同样是一个需要时间的历程。

因此，我们唯有加倍努力，持之以恒，去培育富有同情心的自我意识——学会理解、接受并同情自己。改善这项技能，会让我们以更健康的方式去承受、管理和应对痛苦情绪。即便面对被拒绝的现实或者可能性，我们依旧可以用积极的心态感受自己，让我们的生活永远沐浴在阳光中。

随着这种内在力量的不断增长，我们会感觉到，我们已不再生活在这个可怕的镜子屋里。我们不再经常担心遭到拒绝。当然，其他人的反应依旧很重要。没有人喜欢拒绝。但即便真正地面对拒绝，我们也知道了，我们唯一能做的事情就是继续自己的生活，向着自己的目标继续挺进。接受自己是有价值且值得被爱之人的感觉，将为我们体验人际关系开启新的大门——在这种关系中，我们体会到被他人接纳的感受，在沮丧时会得到安慰，并在探索自我和世界的过程中，永远不缺少他人的支持和鼓励。

走出拒绝敏感问题、以强大的韧性重归人生快乐的旅途或许并非一帆风顺，而且这段旅程其实并无清晰可见的终点，因此，把它视为一次冒险，或许会让我们有更大的收获。至此，我们已加深了对 STEAM 各领域的自我意识，完成了培养自我同情意识的练习，并对如何在人际关系中寻找力量源泉进行了诸多探索。我们与自我及他人的关系相互交错，互相滋养，在互动中互为动力，并肩成长。随着我们的拒绝恐惧感不断衰减，我们的力量、韧性和幸福感则会持续增强，从而为我们探索未知领域创造更大的动力。在这个过程中，我们在生活中摸索前进，在追求中更自由地享受自我：做自己，才是人生最大的福祉。